U0179161

万亿预制菜

广东预制菜产业高质量发展工作联席会议办公室
顺德区农业农村局　南方农村报社　佛山科学技术学院

南方日报出版社
NANFANG DAILY PRESS

中国·广州

图书在版编目（CIP）数据

万亿预制菜/广东预制菜产业高质量发展工作联席会议办公室等编. —广州 : 南方日报出版社, 2023.2
ISBN 978-7-5491-2684-2

Ⅰ. ①万… Ⅱ. ①广… Ⅲ. ①粤菜—菜谱 Ⅳ. ①TS972.182.65

中国国家版本馆 CIP 数据核字(2023)第 018532 号

WAN YI YUZHICAI
万亿预制菜

编　　者：广东预制菜产业高质量发展工作联席会议办公室　顺德区农业农村局
南方农村报社　佛山科学技术学院
出版发行：南方日报出版社
地　　址：广州市广州大道中 289 号
出 版 人：周山丹
出版统筹：刘志一
责任编辑：李嘉荟　黄敏虹
责任技编：王　兰
装帧设计：阿　里　梁春薇
责任校对：阮昌汉
经　　销：全国新华书店
印　　刷：广东信源文化科技有限公司
开　　本：787 mm×1092 mm　1/16
印　　张：13.25
字　　数：245 千字
版　　次：2023 年 2 月第 1 版
印　　次：2023 年 2 月第 1 次印刷
定　　价：68.00 元

投稿热线：（020）87360640　读者热线：（020）87363865
发现印装质量问题，影响阅读，请与承印厂联系调换。

卷首语　PREFACE

食品工业主要是将农、林、牧、渔业中的初级阶段产品，通过各种有效的加工手段生产出精细深加工预制食品的过程，从而达到提升食品储藏性、营养性、便捷性、安全性的目的。2021 年我国食品工业企业利润达 7369.5 亿元，占全国年度 GDP 约 9%，同时解决 700 多万人的就业问题，是我国重要的国民经济支柱产业，也是与“健康中国 2030”建设最密切相关的产业。

随着现代社会的不断发展，分工越来越细化，生活节奏也明显加快，导致人们物质需求和生活理念正发生着重大的转变，从过去花费大量时间购买食品原材料、自行料理的饮食模式，转向追求更为高效、更加便捷、更高品质的就餐方式。加之 2020 年起受新冠疫情的影响，线下餐饮面临堂食困境，传统餐饮模式迅速升级转型，线上业务（外卖及时达、快递送到家）飞速发展，极大地推动了预加工食品行业的发展。近两年来，我国预制菜产业在此背景下广获资本市场的青睐，据不完全统计，2021 年我国预制菜产业市场规模已经达到 3459 亿元，预计到 2026 年将突破万亿大关。

广东省作为我国经济大省、人口大省、美食发源地、大湾区建设重要枢纽，有着得天独厚的区位优势，同时粤菜口味清淡，讲究原汁原味，符合现代人追求的健康饮食理念。广东省在预制菜规范化、标准化、健康营养方面位于全国前列，在 2022 年 3 月 25 日，广东省政府率先发布《加快推进广东预制菜产业高质量发展十条措施》：（1）建设预制菜联合研发平台；（2）构建预制菜质量安全监管规范体系；（3）壮大预制菜产业集群；（4）培育预制菜示范企业；（5）培养预制菜产业人才；（6）推动预制菜仓储冷链物流建设；（7）拓宽预制菜品牌营销渠道；（8）推动预制菜走向国际市场；（9）加大财政金融保险支持力度；（10）建设广东预制菜文化科普高地。其目标是加快建设在全国乃至全球有影响力的预制菜产业高地，推动广东预制菜产业高质量发展走在全国前列。预制菜产业链条的各端，尤其是直接涉及预制菜制作的餐饮和食品企业，均有望从政策中受益。

经过一年多的快速发展，预制菜产业已经成为我国“接二连三”乡村振兴的重要抓手。同时，预制菜产业发展乱象也有所展露，急需法律法规和行业条例进行及时更新规范，也急需专家学者跟进指导。2022 年 7 月 10 日，由广东预制菜产业高质量发展工作联席会议办公室等单位联合举办的“中国预制食品创新发展高峰论坛”在广东省佛山市顺德区顺利举办，邀请了 30 多位食品行业院士、专家学者和预制菜产业龙头企业代表围绕“预制菜产业健康发展”进行深入研讨，达成“统一预制菜生产国家标准；建立全国统一的预制菜溯源体系；打造预制菜科研和理论研究高地”三大共识，并发出相关行业倡议。同年 10 月 26 日，由中国食品科学技术学会主办、大连工业大学承办的中国食品科学技术学会预制菜专业委员会第一届委员会成立大会在大连成功举办，成立了指导我国预制菜产业发展的专门学术机构，其宗旨在于深入贯彻落实党的二十大精神和习近平总书记关于“三农”工作重要论述，践行推动健康中国建设的新要求，实现食品科技工作者新时代的担当和使命，为推进我国预制菜产业的健康有序发展作出更大贡献。

源于此，广东预制菜产业高质量发展工作联席会议办公室、顺德区农业农村局、南方农村报社与佛山科学技术学院整理了近期专家学者、行业媒体及龙头企业等关于预制菜发展现状与趋势的新评论、新风向编成本书。本书主要以广东省预制菜产业发展为例，紧紧围绕预制菜发展新蓝海展开，博采众长，广纳贤言，从有关预制菜的专家倡议、行业一线、未来前景谈起，再到区域特色发展、大企先行示范，最后着力介绍科技创新引领未来预制菜发展的新趋势，题材丰富，内容新颖。希望本书能够辅助相关行业政策规范的实施与落地，拓宽预制菜行业研究人员和企业团队的思路，普及预制菜的基础知识与科学价值，共同推进全国预制菜行业技术创新和产品品质的提升，提高我国在即将到来的预制菜万亿新赛道上的综合竞争力。

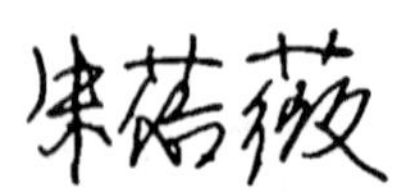

中国工程院院士

中国食品科学技术学会预制菜专业委员会主任委员

2022 年 11 月

目 录 CONTENTS

中篇　实践：抢占新赛道　033

下篇　趋势：发展新路径　097

壹　广东建言　098

贰　他山之石　148

叁　探索实践　168

附　录 191

跋 199

上篇

洞察：万亿新蓝海

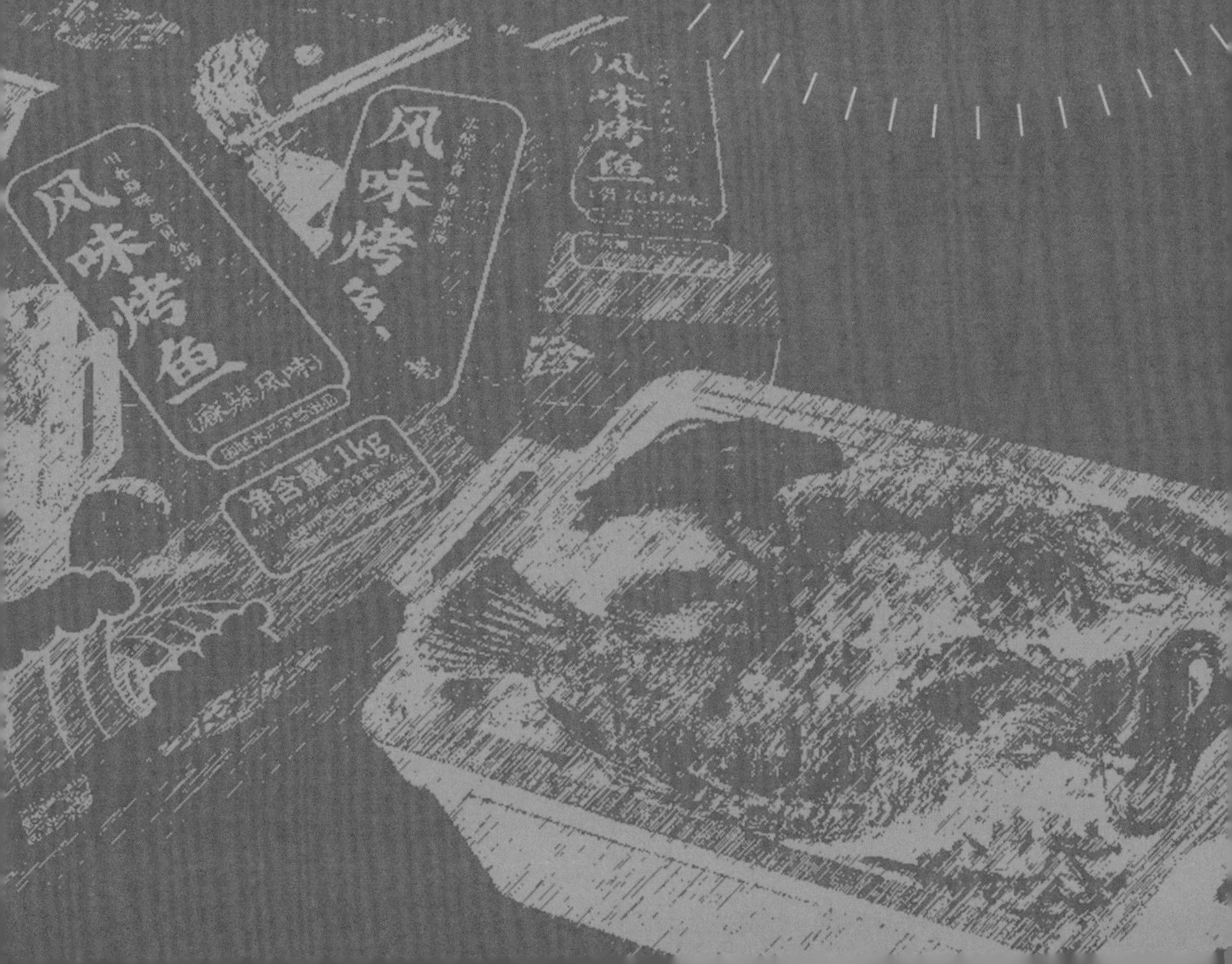

ACADEMICIAN INITIATIVE

院士声音

院士领衔发出倡议
关于建立“预制菜国家标准和全国统一的预制菜溯源体系”

预制菜产业已成为我国农业高质量发展的重要抓手，也是我国乡村振兴的突破方向。当前，全国各地预制菜产业蓬勃发展来势喜人，显现出巨大的市场空间和产业潜力。

2022 年 7 月 10 日，“中国预制食品创新发展高峰论坛”在世界美食之都——广东佛山顺德举办。多位院士和来自预制菜产业生产、加工、冷藏、物流、电商、快递和零售终端等相关环节的企业代表一起，围绕如何确保预制菜产业健康发展这一重大课题进行了认真研讨，达成以下共识并发出倡议：

统一预制菜生产国家标准。预制菜产业跨多产业、多行业、多领域，具有很强的产业拉动和产业聚集效能。目前，预制菜本身及其上下游产业均具不同标准和特点，应兼容并蓄统一标准，消除市场壁垒，建立全国统一大市场，形成合力，抢占国际预制菜行业制高点。

建立全国统一的预制菜质量溯源体系。食品事关人民健康安全，建立全国统一的预制菜质量溯源体系，事关预制菜行业健康发展，事关社会稳定，相关政府职能部门、科研机构和预制菜生产企业应密切合作，大力推动，尽快建立成熟稳定的质量溯源体系。

打造预制菜科研和理论研究高地。粮为国安，科研加持，借预制菜产业蓬勃发展之势，树立“大食物观”，以科研创新为第一生产力，攻关预制菜产业关键技术，打通“产学研”三脉。要研究成立高规格预制菜研究机构，立足资源禀赋和各地优势，确保预制菜理论研究和行业发展协同并进，用理论指导预制菜产业不断向纵深推进。

孙宝国：风味+健康双导向 将成预制菜未来趋势

摘要：工业化并非把锅做大，炒菜锅要变成“炒菜机”

个人简介：

中国工程院院士、香料和食品风味专家、北京工商大学校长、中国食品科学技术学会理事长。

在“中国预制食品创新发展高峰论坛”上，中国工程院院士、香料和食品风味专家、北京工商大学校长、中国食品科学技术学会理事长孙宝国受邀出席并致辞，随后作《中国预制菜发展趋势》主题报告。针对预制菜未来趋势、产业方向、发展要求等行业内热点话题，孙宝国与在场嘉宾进行了深入交流。

一道菜成就一个产业，风味+健康成大势所趋

预制菜产业方兴未艾，风头正盛，步入加速发展的快车道。孙宝国预测，预制菜未来发展可能会比预计的还要更快，5 年内将成为超万亿元产业。

“预制菜要做到既好吃，又有益于健康。风味+健康双导向是预制菜产业的发展趋势。”孙宝国表示，风味是食品的灵魂，对预制菜风味品质的研发势在必行。

孙宝国认为，要提升预制菜的营养和健康水平，对营养素进行量化。要让大众不仅能吃得开心，还能吃得明白，这是预制菜未来能够快速发展的重要切入点。

预制菜“飘香全国”，众多企业纷纷入局。如何在星星多月亮少的产业格局中脱颖而出？孙宝国认为预制菜企业必须做到突出重点、扬长避短。中国美食文化源远流

长，菜肴种类数以万计，“把一道菜做好、做精就能成就一个产业。只有那些能够满足消费者风味和健康双重需要的预制菜才会有生命力，也只有性价比高的预制菜才会有竞争力。”

工业化并非把锅做大，炒菜锅要变成“炒菜机”

解决吃饭问题，根本出路在于科技。预制菜企业若想异军突起，同样也要进行科技创新，提升风味质量和健康水平。

在孙宝国看来，依靠科技创新和技术研发，能够实现预制菜的美味与健康兼得，真正做到“减盐不减风味”“减油不减香味”“减糖不减甜味”。此外，聚焦预制菜的基础研究、关键核心技术以及装备的研发研究，对预制菜风味保鲜也至关重要。

“预制菜必将助力藏粮于食、藏粮于民，提升对食物的应急水平和保障能力。”孙宝国表示，规模化、现代化是预制菜产业的发展方向。预制菜的工业化、标准化生产，并不意味着把锅做大，而是要借助现代科技来提升改造预制菜的制作工艺，实现由手艺到工艺，由经验到科学，由人工操作到智能控制的飞跃。“这条路一定要走出去，并且一定要走好，走得越快越好，预制菜就会发展得越好。”

预制菜要为消费者服务、为餐饮业服务

“预制菜多元化是消费者的需求。”孙宝国表示，预制菜要为千家万户的消费者服务。一方面要开发丰富多样的食物品种，实现各类食物的搭配平衡；另一方面要实现绿色、简约、可持续。

“预制菜的出现是为了方便消费者，那么包装就要尽量便捷简单。”孙宝国以猪肉的标准化分割为例，提出预制菜适量包装、分开包装的建议，倡导预制菜企业把便捷留给客户，把麻烦的工艺尽可能留给自己。

市场国际化是预制菜产业的发展方向。孙宝国提出预制菜的市场要面向国际，要与中餐国际化深度融合。“预制菜也要卖到国外去，预制菜工厂要建到国外去。”

朱蓓薇：
广东可在保真、标准化等方面引领行业

摘要：发挥中式预制菜肴优势，聚力炒香粤味预制菜

个人简介：

中国工程院院士、食品工程领域专家、大连工业大学国家海洋食品工程技术研究中心主任。

在此次“中国预制食品创新发展高峰论坛”中，中国工程院院士、知名食品专家朱蓓薇以线上形式参会。作为广东省预制菜产业联合研究院专家委员会主任委员，她在 2022 年 7 月，曾与广东省农科院、大连工业大学的专家，为广东龙头餐饮食品企业——广州酒家集团“把脉会诊”，为广东预制菜行业发展出谋划策。

在调研现场，广州酒家集团相关负责人介绍，目前预制菜的堵点痛点在于如何保鲜、如何提高还原度、如何保营养保风味。尤其是粤菜，更讲究新鲜和原汁原味，期待院士、专家能提供更多思路和指导。

朱蓓薇表示，广东预制菜产业应坚持保留广东独特的饮食文化特色，同时在保真、标准化、健康营养方面引领行业，走在全国前列。

“预制菜无论销售到哪里，它的竞争核心都是‘口味’，即要做好预制菜首先要‘保真’。”朱蓓薇说，要保真就要有“标准”，用“标准”引领产业发展，标准包括原料标准、生产标准、仓储标准、运输标准等。

朱蓓薇认为，营养、健康是粤菜最大的特色之一，粤菜口味清淡，符合现代人减油、减盐、减糖的健康饮食理念。广东在发展预制菜产业过程中，建议选择部分能体现粤菜营养、健康特色的菜品进行科学转化。

另外，作为美食大省，她建议广东部分老字号企业、大型企业主动承担弘扬中华饮食文化的责任，将体现中华美食传承的经典佳肴做成预制菜食品，并借此向国内外大众科普如何吃得健康、均衡、营养。

朱蓓薇表示，广东预制菜产业可借助科技力量的优势，让预制菜品的保真、安全、标准化走在全国前列，做该领域的“标杆”。

吴清平：
预制菜+精准营养=无限空间

摘要：健康均衡是预制菜重要准则

个人简介：

中国工程院院士、微生物安全与健康专家、广东省科学院微生物研究所名誉所长、广东省科学技术协会副主席、中国食品科学技术学会副理事长、国家微生物种业战略联盟理事长。

在“中国预制食品创新发展高峰论坛”中，中国工程院院士、微生物安全与健康专家、广东省科学院微生物研究所名誉所长、广东省科学技术协会副主席、中国食品科学技术学会副理事长、国家微生物种业战略联盟理事长吴清平作《预制菜产业链食品安全系统风险识别和高效检控技术研究》主题报告。在院士座谈会环节，吴清平也对企业提出的问题进行解答。

“人们的身材、健康水平未来都能得到标准化考量，可以预计，预制菜+精准营养将拥有无限的空间。”在吴清平看来，预制菜要以精准营养为目标，融合食品学科和临床医学，成为食材相互调和、营养配比均衡的食品。

吴清平认为，生产技术规范和安全数据库的构建，是产业发展的重要基础。

第一，要建立一套高标准的生产技术规范。通过研发系列快检技术、微生物控制技术、绿色高效靶向阻控减控技术等，为产业发展提供科技支撑，将预制菜做成高科技产业。第二，要构建一个预制菜产业链食品微生物安全科学大数据库，集风险溯源与分析、预警、处置等一起，从而实现微生物的风险识别、重点追踪、定点监测，保障预制菜食品安全。第三，要建立企业自己的微生物安全数据库。如风险识别数据库、菌种株资源库、全基因组数据库、生物毒素数据库和消费行为数据库等等，与国家数据库相结合，实现互联互通。

陈　坚：
预制菜撬动B、C端新型消费

摘要：C端尚处于导入期，还需加快市场渗透力度

个人简介：

中国工程院院士、中国工程院环境与轻纺学部副主任、国务院学位委员会轻工技术与工程学科评议组召集人、发酵与轻工生物技术专家、江南大学原校长。

在“中国预制食品创新发展高峰论坛”开幕式上，中国工程院院士、中国工程院环境与轻纺学部副主任、国务院学位委员会轻工技术与工程学科评议组召集人、发酵与轻工生物技术专家、江南大学原校长陈坚以线上形式参会并致辞。

目前，预制菜行业市场规模正以超20%的增速在稳步增长，预计未来几年内达到万亿元市场规模。

陈坚表示，中国预制菜行业萌芽于2000年，近年来进入加速发展阶段。各地通过制定产业规划、建设产业园、成立研究院、完善相关标准等一系列措施支持预制菜产业发展。

尤其是广东，与山东、福建等地一起，在全国掀起预制菜发展热潮。本次论坛的召开，也将进一步巩固广东预制菜产业地位，为提升全国预制菜产业研发技术水平贡献力量。

在陈坚看来，预制菜行业的兴起和快速发展离不开国家政策、经济条件、社会人文变迁和技术更新迭代等多方面影响。但具体来看，影响B端和C端的因素有所不同。

预制菜产业B端主要受到成本影响，餐饮企业更注重降本增效，提高出菜效率，减少后厨面积，从而带来效益提升。

C 端则与消费者的观念、消费能力、消费喜好有关。消费者更关注的是口感、便利，当前 C 端市场尚处于导入期，还需加快市场渗透力度。企业要做到具体问题具体分析，根据实际情况确定相应策略和目标。

任发政：
预制菜要整合优质资源　集群式发展

摘要：预制菜产业尚未形成规模化生产

个人简介：

中国工程院院士、中国农业大学营养与健康研究院院长。

在“广东预制菜产业高质量发展院士座谈会”环节，中国工程院院士、中国农业大学营养与健康研究院院长任发政受邀出席。

预制菜产业，广东一马当先、引跑全国。任发政认为广东是我国科学技术集聚地、制造业集中区，发展预制菜的产业基础雄厚。

“珠江水，岭南粮。”食在广东的美食名片早已传遍全国。在任发政看来，雄厚的粤菜产业文化基础造就了广东预制菜的美味精巧；海产、陆生、动物、植物等丰富的食材资源，也保障了广东预制菜的领先优势；广东省制定的“菜十条”，以顶层设计引领产业发展，这些都是广东预制菜产业迅速发展的重要原因。

任发政认为，尽管当前预制菜市场空间很大，但尚未形成规模化生产。他建议政府重视预制菜科技园区与产业园区建设，预制菜企业也要整合优质资源，积极联动产业链中的原材料供应商、半成品供应商、装备制造商、数字化销售平台等，相互协作，实现集群式发展。

“期待广东尽早实现预制菜产业发展的宏伟目标，产业越做越好，打造全国预制菜产业高地。”任发政说。

陈 卫：
“粤风味”＋现代科学技术，助力预制菜产业的可持续发展

摘要：充分发挥现代食品工业加工技术

个人简介：

中国工程院院士、食品微生物科学与工程专家、江南大学现任校长、国家功能食品工程技术研究中心主任。

近年来餐饮企业为降低成本和标准化推动了B端预制菜的快速发展，而新冠疫情则加快了预制菜走进千家万户，这也让预制菜受到农业、食品、餐饮、电商等企业的青睐，催生了万亿级别的蓝海市场。陈卫表示，广东预制菜产业发展速度与规模在国内位于前列，多地积极创建预制菜产业园，打造预制菜产业集群，着力建设在全国乃至全球有影响力的预制菜产业高地。

陈卫认为，消费者对于预制菜的复杂品类和口感还原度要求在逐渐增加，而其核心问题在于如何保持菜肴原有的“色、香、味、形”等感官属性。以传统菜肴红烧肉为例，他提出预制菜的开发不能完全照搬传统餐饮烹饪工艺，应充分发挥现代食品工业加工技术，做到产品工艺因“菜”而异。

中华美食，博大精深，为预制菜产业的万亿蓝海市场奠定了基础。“然而，预制菜产品品类多，加工工艺复杂等问题，导致现有预制菜加工企业机械自动化程度仍相对较低。”陈卫说，预制菜行业的发展提速，需要食品机械相关科学技术的助力，现代科学技术将为预制菜行业锚定方向，确保预制菜的可持续发展。

此外，在预制菜行业快速发展的同时，应积极带动农业食品上游产业，有助于提高农产品供给标准化，对于农业的增值增效，预制菜将起到不可或缺的带头作用。

单 杨：
人才队伍建设要贯穿预制菜行业的每个环节

摘要：政府要做好顶层设计

个人简介：

中国工程院院士，食品工程专家，湖南省农业科学院院长、研究员、博士生导师。

在“广东预制菜产业高质量发展院士座谈会”环节，中国工程院院士、食品工程专家、湖南省农业科学院院长单杨受邀出席。

当前，预制菜产业规模庞大，急需一批专业人才队伍。单杨认为，支撑预制菜产业的人才队伍非常重要，这支队伍要涵盖预制菜研发、制作、冷链物流、销售等各个领域。他建议政府要从顶层设计角度出发，为人才建设和培养提供政策支持，“从营养与健康的基础理论研究到解决关键‘卡脖子’技术上，我们都要加大人才培育力度”。

市场是企业赖以生存的广阔舞台。在单杨看来，预制菜企业要精准定位市场，联系市场情境，利用差异化发展，并进行市场细分，避免产能过剩。“预制菜产品要有地方特色，比如广东粤菜、湖南湘菜、四川川菜等，让消费者能吃到不同地方的美食，通过预制菜把传统美味进一步发扬光大。”单杨说。

最后，单杨表示，接下来将和大家一起，在技术创新、产品研发、装备制造、市场细分等领域，加强技术服务和学术研究，共同助力预制菜产业高质量发展，推动中华美食走向全球。

谢明勇：
广东可探索成立全国首个产业创新联合体

摘要：广东可加强预制菜产业的科研组织体系创新

个人简介：

中国工程院院士、食品营养科学与技术专家、南昌大学食品科学与技术国家重点实验室主任。

在“广东预制菜产业高质量发展院士座谈会”环节，谢明勇建议，广东可加强预制菜产业的科研组织体系创新，组建预制菜产业科技创新联合体，探索成立全国首个省级预制菜实验室，吸引全国精英人才，将科研机构、企业等组织联合起来开展研发攻关工作。

谢明勇表示，广东可加强预制菜产业的科研组织体系创新，组建预制菜产业科技创新联合体，探索成立全国首个省级预制菜实验室，组织一批最强的科研机构，联合一群最强的预制菜企业，吸引全国精英人才，再加上政府做好顶层设计，共同推动预制菜产业科技创新。

“预制菜产业的科研组织体系创新非常重要。预制菜产业发展的核心是人才，在组建科研人才队伍时，眼光也不只局限于广东，而应面向全国，走向世界，把最精英的人才吸引过来。”谢明勇进一步建言，预制菜发展需要科研体系的支撑，广东预制菜科技创新体系要形成共同联盟的聚集模式。同时，科研成果转化要多听企业和市场的需求，相互促进，合作发展。

谢明勇指出，产业发展想要跑出“加速度”，需找准定位特色。

第一，要体现中国特色。“中餐与西餐在标准化上有本质区别，菜品的营养、成分、含量等实现标准化打造也是中式菜肴转型做预制菜的难点。”

第二，要体现地方特色。将当地特色美食做成现代化实体产业，例如顺德预制菜就要做出顺德特色。而作为企业，也要采取差异化发展策略。

第三，要体现营养健康。现阶段人们对营养健康提出更高的要求，食品安全非常关键，一旦不慎将对整个行业造成巨大冲击。

第四，要强化便捷性。例如提高配送效率，实现智能化点餐，以实现口味的搭配和营养的需求等。“预制菜是一个学科交叉、技术交融的产业，大数据、人工智能等前沿技术都会用上。”

“广东预制菜产业正处于高质量发展的机遇期、关键期、黄金期，广东如何进一步加强顶层设计规划，这对未来产业发展具有关键指导作用。”谢明勇表示。

FRONT-LINE OBSERVATION

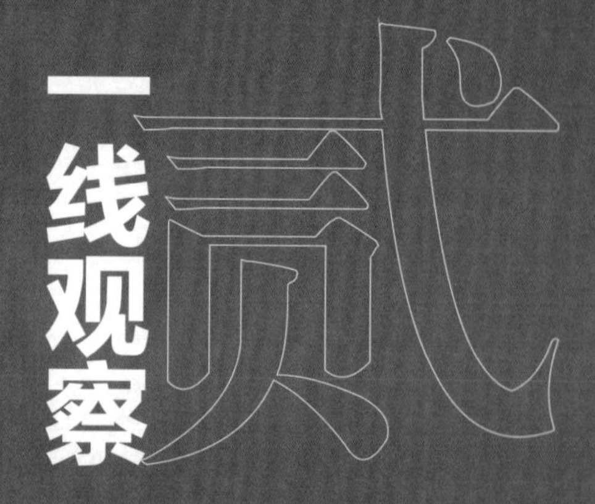

衣食住行迭代翻牌食事，天大的红利面前就看如何动筷

作者　麦倩明　喻淑琴　　来源　《南方农村报》　预制菜宝典

一切商业背后，核心都是人。几十年岁月流转，世事沧桑，如今衣食住行的轮番升级翻牌到了食事。民以食为天，伴随着“天大的”产业红利到来的，将是一场了不起的商业变革，标志性产品是预制菜。

衣食住行升级背后，谁干掉了谁

预制菜走红，有人说这是“菜市场的升级版，餐饮业的居家版”，相对于菜市场的原材料它做了“加法”；相对于餐厅成品它做了“减法”，由工厂化生产取代了部分手工劳动，进可攻，退可守。无论 B 端 C 端，产品线从即食、即煮、即热到即配，市场从一二线城市到三四线城市。

想要吃上一顿色香味俱全的热乎饭，去菜场买菜，在家备菜，起油锅烧菜，意味着耗时烦琐的步骤。预制菜简化了买菜做饭的方式：线上完成选菜买菜，手机下单菜品“一键到家”，免除切配，开包即可下锅，一道道色香味俱全的菜品就完成了，快节奏的生活保留了精致生活的形式。

事实上，几十年间，普通消费者从衣食住行的变化中，亲历了现代工商业的演进史。曾经，凭票证买布回家自行裁剪缝制衣裳，“华南牌”缝纫机、“凤凰”“永久”自行车风靡一时，缝纫机、自行车、手表、电风扇及收音机，“四转一响”支撑改革开放前后二十年的工业经济。后来，服装加工制造工厂大量出现，洗衣机代替手洗，自行车之后有了摩托车，轿车后来居上，新的经济支柱产业出现。还有，房改房退出，商品房成香饽饽……

有需求就会有生产，二者共同形成了市场。社会分工越来越细，专业化程度越来越高，新产品层出不穷，新兴行业应运而生。曾经洗衣服离不开双手，做新衣依赖裁缝，

顺德盆菜

通勤习惯骑自行车；后来，从手洗到洗衣机，从裁缝铺到制衣厂，从自行车到汽车再到无人驾驶技术……

从菜市场到商超到送货上门，从生鲜食品到半成品、成品，预制菜解放厨房双手的革命才刚刚开始。

有了预制菜，人们依然可以选择动手做饭。所以，预制菜“干掉厨房”也没有那么简单，但至少多了一种不错的选择。

见证食品产业升级，人人都是过来人

加工食品大家都不陌生，新鲜的倒是“预制菜”这个词。为了方便贮藏食用，祖辈流传的加工方法很多，腌制、腊制、晒制、干制……在中国传统饮食文化中留下美味色香，改革开放后“珠江水，广东粮”一度风靡全国。除了饮料、饼干、速食面，更有广东腊肠、鲮鱼罐头、红烧肉罐头，老字号“皇上皇”“甘竹”口碑载道。

那么，新晋网红“预制菜”与前辈相比，究竟是旧瓶装新酒的同门兄弟，还是脱胎换骨的新玩意？

说不清从何时开始，我们与预制菜不期而遇。早餐店冒着热气的麦包、米糕、烧卖是预制菜；街头巷尾千锤百炼的潮汕手打牛肉丸是预制菜；饭馆里高高挂起的金灿灿的烧鸭卤鹅是预制菜。

牛肉丸、咸水刀鲤鱼、卤鹅，几十年来我们如此熟悉，其包装的华丽“变身”，也许是无足轻重的。那么从罐头到预制菜，到底是升维还是降维？“预制菜”概念所加持的，是更广泛的应用，更繁多的品类，特别是向更“鲜”一步的靠近，无论营养、口感、品相。这就是食品产业升级的含金量所在。

加工食品不会天然成为香饽饽。在各种方便面堆满超市货架的时候，螺蛳粉依然强势出圈成为“爆款”，它属于预制菜。说明市场饱和是相对的，创新可以开辟新的“赛道”。

主题餐厅凭一个主打菜火爆“通吃”，酸菜鱼、牛蛙、烤鱼等都是预制菜；大大小小餐厅的菜谱里，红烧乳鸽、香煎鱼、小牛排、鲍鱼花胶鸡等等，从主菜到各式糕点都是预制菜，还有老广早茶的“一盅两件”……预制菜降低了开店的门槛与成本，但也成为菜品同质化的推手。当预制菜大行其道，餐饮店、家庭用餐、外卖，人们对于用餐的档次评价在变化，它们之间的边界在模糊，差距也正在缩小。

据统计，目前全国预制菜产业市场规模约 3459 亿元，相关企业超 7.2 万家，按照 20％的复合增长率计算，预制菜有望在 3—5 年内达到万亿级别。比较一下，2021 年我国家电市场零售规模是 8811 亿元。长期来看，预制菜的市场可以达到 3 万亿元左右。

当预制菜以“新食尚”为标签，以更“温存”的面孔摆上餐桌。家常也罢，外出用餐也好，消费者无论主动还是被动，都已经成为它的受众。

科技升级带动消费升级，含金量在哪里

在管理学大师德鲁克看来，商业就是通过创新产品或者服务，为顾客提供价值，带来更高的满意度。

如果说预制菜仅仅带来了便利，对于它的商业想象力肯定是没有理解到位。特别是原生态观点现在也大量“圈粉”，认为“对自己好”的方式是“认真地做一餐饭”，即食即热食品大多时候是被排除在外的。

加工食品是否值得信任，消费者会从几个方面去评价。一是食材是否新鲜优质。二是加工过程是否合规，添加剂是否安全。三是冷链是否完备。这些因素决定了预制菜在消费者评价中的心理取向，吃预制菜是生活品质的体现，还是为了省力退而求其

次之选?

想当初，亲手缝制衣裳送人显珍贵，现在买衣服相赠更妥当。所以，好物何必全程自制。预制菜成为高端伴手礼，登上大雅之堂是有条件的，关键在于与消费者达成信任。主打品质生活牌的预制菜，必须读懂市民对食品安全的小心翼翼。

2022年春节，商场里琳琅满目的预制菜逐渐走俏。冷冻盆菜、佛跳墙、“八大碗”、青花椒烤鲈鱼……要味道有味道，要形式有形式，预制菜成为年夜饭“新宠”。很多企业销量成倍增长，有的甚至增长高达400%。

预制菜是食品加工业的升级版，重点与难点在于保鲜，毫不例外是以科技升级带动消费升级，一切的变化是由突破性技术带来的。

从包装材料开始，运用锡箔纸保鲜技术，食品包装可直接接触、密封性更强、导热更快，保鲜铝钛箔最大化地隔离各种光线、空气水分以及细菌，有效防止食物受潮、氧化、变质。

气调保鲜库比普通冷库增加气体成分调节系统，在普通冷库技术基础上均衡内部气体环境，确保保鲜不结冰，减少冻伤。同时保证杀菌、灭菌，田头冷冻和溯源、-18℃冷链护航、-196℃液氮锁鲜，接二连三的新技术，为预制菜安上一道道“保险”。

田头（塘头）智慧小站预冷技术，经原产地数据采集、农残检测、产品溯源后采用集约化、标准化餐饮加工配送模式，-18℃冷链运输。冷藏调理肉类始终在0—4℃环境中进行贮存、运输和销售，冷冻调理肉类贮存于-18℃环境，控制在-15℃以下的环境运输和销售，种种现代科技手段，都致力于保留预制食品的鲜和美。-196℃超低温液氮锁鲜，抑制酶的消解活动，降低食品的水分活性，最大限度地保持食品原有的外观和品质……

预制菜超出人们对于以往加工食品的认知，说是迭代亦不为过。企业让产品好吃可能不难做到，但让消费者安心才是正道。只要性价比合理，消费信心确立，预制菜对餐饮业的改造，对家庭餐桌的占领，便顺理成章。

预制菜盛宴，入局者可否各取所需

预制菜当然不只是速食主义的产物，难得的是预制菜入局者形成了合力，共同成就着更大的抱负。

在地方政府看来，预制菜是“菜篮子”工程提质增效的新业态，是延伸农产品产业链、提升价值链、打造供应链的有效手段，是“小农户”对接“大市场”的桥梁和纽带，是拉动 GDP、获得产业税收的一大法宝。食品产业低污染，食品消费是永续消费，市场无可限量。

但如果将农产品加工视为解决销售难题的兜底之策，仅仅延长货架期的加工手段或面临另一个市场误区。所以，农产品食品化、工业化如何升级，产品线规划、产业集群建设、农商对接方式、金融保险等有待预制菜破题，系列产品标准、行业标准的建立刻不容缓。广东省已经出台“菜十条”，系列行业标准也在 2022 年 5 月公布。

企业和商家对预制菜的蓬勃发展，乐见其成。在目前部分行业处于低迷的情况下，预制菜为食品板块带来一轮爆发，头部企业一时风光无限。企业需要考虑的是，精准定位做强业务，构建产品质量安全保障体系，推动上下游产业链协同，携手构建良好的业务生态链，产业联盟实现“抱团出海”。

读懂消费者，肯定不是让大众的选择越来越少。未来的食品形态、餐饮格局、消费文化，谁是真正的创造者？风口已经形成，前有“珠江水，广东粮”的领先经验，后有粤菜师傅、食在广东的底蕴加持，粤式预制菜扛鼎再领风骚，众望所归，值得期待。

经济学家爱用的词是“拥抱变化”。人们接受变化、拥抱变化，同时保留选择权。经济水平提高，人们有对美好生活品质的期盼，有对生活仪式感的追求，市场有“甩手大厨”的需求，由此掀起新一轮食品工业化的浪潮。

面对时代给予的新方向，各方满怀欣喜和信心，因为人们总能选择出最想要的生活。

确保预制菜理论研究和行业发展协同并进，用理论指导预制菜产业不断向纵深推进。

预制菜“春秋时期”，群雄该如何发力？

作者　阮定国　　来源　《南方农村报》　南方+　预制菜大卖场

预制菜风起，热度好比蒸汽火车头。

但截至目前，真正做得好、挣到钱的企业，却并不多，这门生意没那么容易做的。如果划分预制菜产业发展的不同阶段，当下阶段好比“春秋时期”，特点是小、多、散，缺乏“独角兽”企业，没有绝对的领导品牌。

各路人马正在穷追不舍地逐预制菜市场这头“鹿”，大家忙得一头汗，乐此不疲，但其实发力点是不一样的。搞对了，就事半功倍；搞错了，就事倍功半。那该如何准确发力，我试言之，供大家参考，也希望抛砖引玉，开展一场理性的产业大探讨。

养殖类企业发力：针对渠道研发产品

首先把预制菜赛道里的企业分好类，第一类是养殖型预制菜生产企业，它坐拥产业上游优势，有自己的养殖基地，通过“公司＋农户”模式，发展了很多合作伙伴，并从事食品加工多年，一言蔽之，有原材料供应优势和相对的产业基础优势。这类企业往往规模不小，名声在外，比如恒兴集团、国联水产、温氏集团、正大食品等等，它们逐步解决了产品单一的问题，哪怕就是聚焦“几条鱼、一只虾”，也能开发不同的吃法与口味，免浆的、烤制的、蒜香、辣香……而且通过规模效应，产品性价比也有市场竞争力了。

当然，预制菜头部企业目前仍然不多。对于大部分的预制菜企业来说，有一个问题迫在眉睫，那就是缺乏渠道，且缺乏针对渠道开发的产品。这是个很要命的症结，企业搞出来一堆产品，以为只要我家的东西足够好，就不愁卖，但现实往往抽人耳光。现在还是渠道为王，人家掌握话语权，生产企业去跟渠道谈的时候，才发现渠道有诸多要求，比如社区门店渠道，它在价格上要求特别严，价格区间定得很细，且对产品要求也特别高，个头、数量、包装、定价，哪一样没对上，谈判就得磨来磨去，有些季节性产品，就等不到上架了。这就是有些企业，在很多知名渠道没上架的根本原因。

渠道就摆在那里，只有在开发前端对着人家的需求来，才有后续合作。

餐饮连锁企业发力：牢牢掌握调味包

第二类是餐饮连锁预制菜生产企业，它有渠道多、品牌响、名厨多等优势，而且往往把持着几个招牌菜，粉丝不少，比如广州酒家、广东旅控集团、九毛九、西贝、海底捞等等，假如顾客到不了店，那就要到顾客那里去。以往人家来消费，除了吃菜，还要“吃环境”，现在包厢场景没了，那剩下的就是味道的保持和食材的区别了。

大餐饮的顾客一般较为注重食材和味道。那么，餐饮连锁做预制菜就必须打这两个点：食材附加值，从档次上拉开距离；另外就是味道，光靠大师傅是不行的，靠厨师就是现做菜，加上各种人工、包装，价格就没有优势了，必须走预制菜规模上量这条路。

这需要师傅把主打菜的最佳风味调试出来，然后和科研机构合作，利用风味保持、口味还原等技术，牢牢把味道掌握在自己手里，把独特的调味包做出来，这个一定要记得保护知识产权，否则就会沦为为他人作嫁衣。

争夺 C 端消费者，其实就是味道的争夺，就是调味包之争。

配送型预制菜企业发力：“到家”服务之争

第三类是配送型预制菜企业，它的优势就是直接面对 C 端消费者，在线上 App 收割订单流量，在线下配送到家为用户画像，这类代表企业有美团、叮咚买菜、阿里淘菜菜、钱大妈、盒马等等。他们的业务模式决定了“双拼”：一是拼规模，也就是要服务巨大的客户群体。二是拼烧钱，就是前期烧钱搞各种优惠，培育用户群体的消费习惯，形成消费惯性，等用户形成消费“路径依赖”，就是它们收割流量之日。

他们争夺的焦点在于从之前的用户到店，到订单到家。他们深入各个社区，不断开店、开点，目的就是要“送菜上门”，吃货们只需要动动手指，网上下单，美食就会送上门。在这个过程中，“到家”模式的精髓不是“送菜上门”这个动作，而是针对用户需求的贴身服务，在一买一卖的日积月累中，平台对用户了如指掌，服务就能如影随形，让你无法拒绝，也不会拒绝。

反观预制菜，则是对服务的争夺，不是在配送环节，而是在超市货架环节，每一个购买指引，每一处温馨提示，都是一次抢人大战！

中央厨房预制菜企业：城市社区团餐保供

第四类是中央厨房预制菜企业，它有规模优势、成熟的工厂，在整合产业链打通各个环节，而且贴近市场多年，在团餐方面，具有相对优势，代表企业有上海麦金地集团等。

中央厨房预制菜企业做企业、学生团餐是有经验的，只要量大，他们就有持续降低或控制成本的能力，因此，这类企业更适宜城市社区的供应方向，这个市场份额也是超级大的。

预制风起，广东11园蓄力修炼“独门秘笈”｜盘点预制菜产业园

统筹 阮定国　记者 喻淑琴　通讯员 范雨婷 康紫铃 覃思娴 张巧仪
来源 南方+ 《南方农村报》 预制菜大卖场

预制菜，看广东。火力全开一口气布局的11个省级预制菜产业园，也正使出“看家本领”，在园区布局、产业规划、招商引资、政策支持、品牌建设、爆品推广等方面蓄力修炼，打造核心竞争力，引来诸多关注。

群起争雄。正如火如荼建设中的11个产业园，分别有哪些亮点和特色？又如何使出“绝技”挖掘各地优势和产业价值？一起来盘点预制菜园区“各门派”的“内功心法”。

佛山顺德：“世界美食之都”超级IP加持

在粤式预制菜江湖里，顺德作为广府菜的发源地之一，其美食底蕴和功力一直为人津津乐道。“世界美食之都”的金字招牌，以及“中国厨师之乡”“中国家电之都”等知名IP，都成为顺德在预制菜江湖夺得重要席位的“核武器”。

顺德美食文化底蕴深厚，厨师人才培养体系健全，产业配套完善，品牌企业发展强劲。目前，顺德拥有预制菜企业约112家，部分预制菜产品市场销售额在全国名列前茅。此外，顺德全区拥有厨电企业超1600家，美的、格兰仕、小熊等知名品牌已率先布局预制菜厨电产品研发。

2022年，顺德领跑预制菜赛道，在预制菜江湖劲吹产业旋风：举办院士峰会，邀请国内十大院士集聚“中国预制食品创新发展高峰论坛”；澳门、四川成都、江苏扬州、江苏淮安等中国几大“世界美食之都”首次齐聚顺德，共商行业发展大计；中国（国际）预制菜产业大会落户顺德，打造预制菜产业“皇冠上的明珠”。

目前，顺德区预制菜产业园规划总面积约1800亩，核心园区总面积约731亩。

采取“一园多区”的模式，全力建设“原料采购＋加工生产＋冷链运输＋展示销售＋科研培训”一条龙发展的全产业链。核心区重点建设“农产品资源集采配置中心＋绿色生产区＋智能冷库”三大板块。

肇庆高要：打造大湾区预制菜“第一园”

好风凭借力，扬帆正当时。力争打造粤港澳大湾区预制菜“第一园”的肇庆高要，积极抢抓预制菜发展风口，表示要当好开路先锋，为预制菜产业高质量发展发挥示范引领作用。

作为大湾区链接大西南的枢纽门户，肇庆农业产业规模与产量位居全省前列，并形成粮食、水果、蔬菜、禽畜、水产、南药等六大特色产业。

粤港澳大湾区（肇庆高要）预制菜产业园选址肇庆市高要区金渡、白土片区，园区总规划建设用地面积7000亩，重点打造大湾区预制菜“八大中心”“六大功能区”，并明确以肉类深加工和水产深加工为园区主导产业。

目前，高要成立了肇庆预制菜产业联盟，签订了预制菜10亿元产业基金协议，为入园企业提供创业资金扶持。高要还率先出台“高要九条”（《支持预制菜产业高质量发展九条措施》）、《高要区预制菜产业高质量发展规划（2022—2025年）》，为预制菜高质量发展营造良好的政策环境。

此外，园区开展靶向招商、精准招商，引进了国内肉类进口头部企业山东新协航集团、亚洲上市公司50强海大集团以及如康食品、纽澜地食品等一批有实力的产业链上下游企业，并与世界500强厦门建发集团签订预制菜产业园建设战略合作协议。

目前，高要预制菜产业园19个项目，已有12个动工建设，动工率63%。新协航冷链物流、RCEP数字谷、恒兴集团预制菜加工项目将在明年竣工。

湾区央厨，食联世界。高要区预制菜产业园相关负责人表示，园区接下来将抓好品牌建设，学习借鉴徐闻菠萝等成功营销案例，整合电商平台、冷链物流企业等众多优质平台资源，举办多种形式多样、内容丰富的品牌活动，进一步提升高要产业园预制菜知名度。

珠海斗门：一条鱼带动一个产业，“灯塔园区”崛起

为了一条鱼，奔赴一座城！ 2022 年刚刚结束的丰收节活动上，珠海斗门的白蕉海鲈火出圈，国庆期间更成为抢手货。

在风云变幻的预制菜江湖中，斗门以国家地理标志产品白蕉海鲈为拳头产品，发挥“中国海鲈之都”品牌优势，奋力挖掘“丰收节经济”，打造“灯塔园区”。

斗门预制菜产业园规划建设面积 1250 亩，已培育预制菜企业 29 家。目前引进恒兴、国联、闽威等国家级农业龙头企业，共与 10 家预制菜企业签订投资框架协议，总投资额达 27.4 亿元。2021 年，斗门全区预制菜产业销售额达 7.2 亿元，计划两年内引进 20 个以上优质产业项目，导入产业投资 50 亿元，产值 60 亿元以上。

斗门正制订起草《斗门预制菜产业园招商标准管理细则》，下一步，斗门产业园将进一步展开精准招商，全力推进产业园二期建设。

在斗门预制菜产业园建设过程中，格力电器的预制菜装备加盟格外瞩目。格力电器牵头成立广东预制菜装备产业发展联合会，筹备建立预制菜装备制造公司，致力研发设计白蕉海鲈等特色预制菜设备，与斗门预制菜产业园配套发展，为当地预制菜产业发展注入强势力量。

湛江吴川：菠萝烤鱼“鲜甜 CP”火爆“渔乐圈”

预制菜江湖高手如云，湛江吴川也是其中之一。在 2022 年广东农民丰收节主会场，湛江菠萝烤鱼也同样惊艳亮相，动人的“鲜甜 CP”故事圈粉无数。而这背后与吴川预制菜产业园建设也密切相连。

吴川预制菜产业园区规划总用地面积为 4068 亩，其中预制菜产业园用地 1313 亩，预制菜物流仓储用地 214 亩。园区规划 5 大功能区，包括预制菜加工区、冷链物流区、预制菜产业配套区、乡村田园体验区、调味品和包材加工区。此外，吴川引进了预制菜企业 4 家，建成投产两家。2022 年底，园区预制菜产值将达到 33.01 亿元，税收 1350 万元。2023 年国联二期建成投产，预计园区实现产值 35 亿元，税收 1500 万元。

对标广东“菜十条”、湛江市“十二条”，吴川制定了《吴川市预制菜产业园项目入园标准（试行）》《吴川市预制菜产业园建设发展计划》等政策，还正谋划出台《推进吴川市预制菜产业高质量发展措施》。

吴川产业园也在强力推进湛江恒洲水产品精深加工自动化工厂项目、湛江锦汇港洋现代冷链产业物流园项目、湛江国联水产开发股份有限公司预制菜深加工项目等在建企业项目建设。

下一步，吴川产业园计划重点引进预制菜加工（含水产品加工）、冷链物流配送、复合调味品加工、新材料包材加工等企业进驻园区，加大园区基础设施建设资金等集力度，建设集工业、商贸、金融、行政服务、居住生活、休闲娱乐于一体富有吸引力的现代工业新城，加快推进产城融合。

广州南沙：建预制菜进出口贸易示范区

广州海关出台 48 条细化措施，加快推动南沙深化粤港澳全面合作的消息令人振奋。作为粤港澳大湾区重要外贸枢纽，拥有多区位叠加优势的南沙，与各大园区“一较高低”的底气更足。

南沙位于珠江出海口，是海上丝绸之路起点，也是粤港澳大湾区的地理几何中心。占据枢纽港的优势位置，掌握高端资源要素配置能力，南沙预制菜产业园致力于打造联通国内国际，兼具文化交流、信息沟通、商贸会展、科技合作的预制菜进出口贸易示范区。互联畅通的物流网络、容量极大的保税仓储、活跃的外向经济、良好的营销环境、发达的人才科技中心等也都成为南沙得天独厚的优势。目前，南沙区共有一定规模的预制菜及关联企业 18 家，其中年产值超亿元企业两家、超千万元企业 9 家。

南沙预制菜产业园区总体形成“一带两核三心”（“一带”即预制菜特色产业示范带；“两核”即预制菜国际贸易加工核、预制菜国内贸易加工核；“三心”即全球预制菜产业科技研发中心、全球预制菜产业数字品牌中心、全球预制菜产业贸易投资中心）的空间功能布局框架，推进建设“一园一基地”（“一园”即全国预制菜产业标杆园；“一基地”即全国预制菜高质量发展示范基地）。

2022 年，南沙区在服务、链条、产业三个方面发力，实现预制菜出口贸易促进和创新两大功能，发挥示范带动作用，打造高质量发展新引擎，形成“买全球、卖全球，联中国、双循环”的国际农产品大流通与“进低级、出高端，进产品、出技术，结链条、出标准”的湾区预制菜产业“双格局”。

佛山南海：依托国家现代农业产业园，发展高质量水产品牌

在广东省首批布局的11个省级预制菜产业园中，佛山是唯一一个拥有顺德、南海两大预制菜产业园的地市。高手过招，南海也不甘示弱。

全国最大的淡水鱼养殖区、全国最大的淡水鱼苗繁育中心、全国最大的淡水鱼加工流通中心……南海国家现代农业产业园里面的这些“全国之最”，为南海聚力打造以水产为主的预制菜品牌提供了雄厚的产业基础。此外，产业园背靠湾区大市场，物流发达，已建立了农产品展销展贸、电商体验、线上线下营销体系。

南海预制菜产业园选址西樵镇，园区总投资约6亿元，规划总面积26.49万亩。产业园内水产产业基础好，优质淡水鱼养殖面积3.44万亩，年产量6万吨以上。拥有预制菜加工企业20多家，预制菜产量约1.2万吨，预制菜产业产值为25亿元。

如今，南海正开展14个项目建设，形成“一核、一带、两区”的空间布局。“一核”即南海区预制菜加工流通集聚中心；“一带”即岭南特色预制菜“美食+文旅”体验带;“两区”即水产品预制菜综合发展引领区和精品预制菜三产融合发展示范区。

“南海现有产业基础，对构建数字化、市场化、集群化、规范化的预制菜产业发展新体系有显著作用。未来，我们目标是全力将园区打造成粤港澳大湾区精品预制菜产销集聚区、岭南特色粤式预制菜美食文化传承样板区。”南海区农业农村局相关负责人表示。

江门蓬江：打造全球华侨预制菜高地

江门市的政治、经济、文化中心——蓬江，作为全国著名侨乡，正将侨都名菜“预制品化”，打造蓬江特色的“侨都预制菜”，实力不容小觑。

蓬江产业园预制菜加工规划面积达1419亩，总体形成“一园双核三区”的发展格局。立足蓬江食品加工及流通产业优势，蓬江加速打造全球华侨预制菜发展高地、粤港澳大湾区“超级厨房”、广东农产品食品化核心发展示范区。

目前，蓬江预制菜加工企业27家。蓬江预制菜产业园内拥有食品企业16家，其中亿元以上企业8家，代表企业有康师傅顶益、顶津、天地壹号、兰芳园、美心等。

接下来，蓬江区将深入贯彻“蓬江八条”（《加快推进蓬江预制菜产业高质量发展八条政策措施》），将充分发挥预制菜产业发展协调机制，加快推进蓬江区预制菜产业园重点项目建设，着力筛选一批优质企业入园，加快构建冷链物流仓储与

食品加工产业集聚平台。

惠州博罗：建设大湾区“米袋子”和“菜篮子”

拥有国内最大供港蔬菜种植基地的惠州博罗，也要在预制菜江湖占据一席之地。

目前，博罗预制菜产业园范围包括泰美镇、石坝镇、杨侨镇、福田镇 4 个镇，重点打造粤港澳大湾区中央厨房建设项目、田头农产品散集市场建设项目、农产品加工流通中心建设三大项目。产业园预制菜产业总产值达 35.8 亿元，其中一产 14 亿元、二产 17.3 亿元、三产 4.5 亿元，二三产产值占总产值的 61 %；预制菜初级农产品本地采购占比达 31 %。核心主园区已引入净菜加工、生鲜出口、中央厨房、预制菜生产等首批 20 余家行业头部企业进驻，拥有 8 家省级农业龙头企业。

在产业布局方面，博罗预制菜产业园总体打造“一心、一带、多基地”格局。“一心”即预制菜优质产品加工流通中心；“一带”为预制菜产业发展辐射带；“多基地”为数字装备农业技术示范基地、高质量品牌化发展示范基地、现代化绿色循环养殖示范基地、熟制禽肉预制菜食品加工基地。

依托粤港澳大湾区（广东惠州）绿色农产品生产供应基地的资源集聚优势，博罗预制菜产业园充分发挥供销系统服务网络，建设了专业化农资农技服务、一体化农产品冷链物流、放心农产品产销对接、农村合作金融、多样化城乡综合服务等经营服务网络，以不断完善公共型农业社会化服务体系。

茂名化州：发布“富硒富锗”高端预制菜标准

在热闹非凡的预制菜江湖，茂名化州带着富硒富锗“一桌菜”前来应战。

化州预制菜的特色，体现在号称拥有“富硒富锗”两大配方。“硒”“锗”两元素，一个被称为“抗癌之王”，一个被称为人体的“造氧机”，被营养学家和医学家称为 21 世纪“救命元素”，是“人类疾病的克星”。

2022 年 3 月，广东省地质局、广东省地质调查院发布的《化州市土地质量地球化学调查成果简报》显示，化州当地大部分地区都是富硒富锗地区，富硒的水田和旱地面积共 94.4 万亩。全市 2356 平方公里辖区中富硒区占比 75 %，富锗区超 24 %。

这成为化州发展预制菜产业的金字招牌。

化州“一桌菜”预制菜产业园总投资 2.015 亿元，落实规划用地面积约 1200 多亩，产业园子项目共 12 个，已有 8 个项目开工建设，开工率达 66.7%。

目前，拥有全国最大罗非鱼养殖基地的化州，全市水产品预制菜总产量约 9500 多吨，总产值约 32 亿元。2022 年初，位于化州的恒兴水产预制菜产品发往 RCEP 国家，这也是化州预制菜首次走出国门。

未来，化州将深入推进预制菜“12221”市场体系建设，加强产学研合作，以预制菜产业园为抓手，以富硒富锗为依托，推进预制菜专业化、集约化、标准化生产。

韶关曲江：菌菇类预制菜独树一帜

各地高手纷纷入局预制菜江湖，粤北优秀代表韶关曲江也不缺席。

韶关曲江区是菌蔬、水产、马坝油粘米的生产大区，可为预制菜产业园建设提供 50% 以上的初级农产品供应。同时，曲江已全面融入粤港澳大湾区 1 小时经济圈，为预制菜原料和产品运输提供有力支撑。产业园依托曲江经济开发区内的食品产业专业园区，拥有粤港澳大湾区菜篮子产品韶关配送中心，以及韶关当地规模最大、设备最先进的中央厨房，可日产 3 万份预制菜，具有雄厚的食品加工产业基础、物流配送服务平台和食品深加工平台。

目前，曲江预制菜产业园综合产值 50.32 亿元，其中二三产产值占比约 82%，总体空间功能布局是“一心两园三区一带”，已形成完整的“食用菌等优质农产品菜篮子生产基地 + 预制菜加工 + 冷链物流 + 品牌营销 + 科技信息支撑”产业链条。

接下来，曲江预制菜产业园将践行产业标准化和融合化，结合本土特色农产品打造更多“组合型”的预制菜大单品，并实施品牌工程，推进预制菜品牌多元化。同时，将全力打造“现代农业 + 美食文化 + 休闲旅游”的全产业链发展模型，不断创新曲江预制菜产业发展格局。

潮州饶平：让“潮味预制菜”出圈出海

在叱咤风云的“预制菜江湖”，知名菜系“潮州菜”也不甘落后。潮州饶平县化身此江湖里的“侠客”之一，打造潮式“预膳房”，让潮味预制菜出圈。

地处广东“东大门”战略要位的饶平县，是广东省唯一的“首批国家级农业对外开放合作试验区”，也是中国最大的海水网箱养殖基地之一。拥有“全国渔业百强县”“中国海鲵之乡”“中国盐焗鸡之乡”“饶平县狮头鹅原产地”等金字招牌。目前，确定以水产预制菜产业作为饶平预制菜产业园的主导产业。

饶平预制菜产业园区建设用地 1351.7 亩，预制菜加工区规划面积 1095.87 亩。总体形成“一核两园三区”的空间功能布局，着力打造“原料生产、产品加工、冷链物流、科技研发、品牌推广、农旅融合”全产业链发展的省级现代农业产业园。目前，产业园规划 21 个项目中 9 个已开工，开工率达 42.86％。

结合潮州菜独特烹调技法，饶平加快推进潮州菜中央厨房预制菜产业发展，涌现出一批预制菜产业示范企业，建成了多个预制菜产业示范基地，开发了系列产品，涵盖水产、盐焗鸡、狮头鹅等。

即使园区产业化程度、市场占有率、品牌建设等方面还有进步空间，但饶平县相关负责人表示，未来，饶平产业园将强化统筹部署，优化政策支持，规范资金支出，加强项目管理，大力发展潮州菜中央厨房预制菜产业。预计到 2024 年，产业园主导产业（水产预制菜）综合产值将达 50 亿元以上，主导产业中的二三产业产值占其综合产值 75％以上，实现产业园引领带动全县预制菜产业持续高质量发展，树立全省预制菜产业发展标杆。

中篇

实践：抢占新赛道

LOCAL PRACTICES

因地制宜

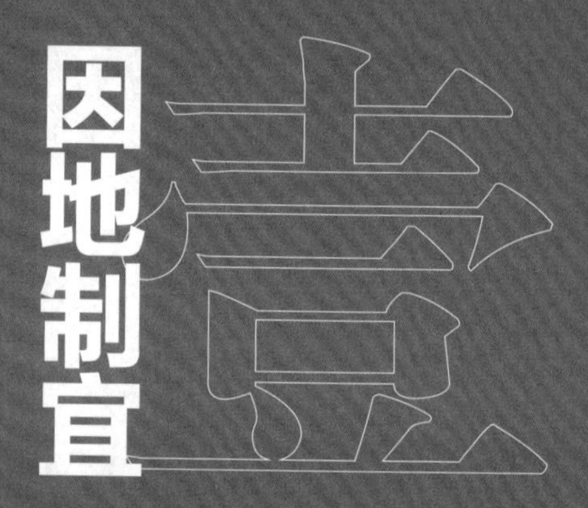

湛江市委常委、统战部长程凤英专访

湛江：
发力乡村振兴，打造水产预制菜之都

来源　央视网

近年来，随着经济消费升级，预制菜迎来了利好的消费环境。在全国各地大力推动本地预制菜产业发展时，湛江市早已摘得“中国水产预制菜之都”称号而脱颖而出。央视网采访了湛江市委常委、统战部长程凤英，为大家解开湛江预制菜高质量发展“密码”。

央视网：2022年3月，广东省印发了《加快推进广东预制菜产业高质量发展十条措施》，在预制菜这条新的“千亿赛道”上，湛江有哪些做法和成绩？

程凤英：一直以来，湛江市委、市政府高度重视预制菜产业发展，高位谋划推进，全力抢占先机。一是成立湛江市预制菜产业发展领导小组，全市“一盘棋”推进。二是成立湛江市预制菜产业联盟，整合全市资源，形成发展合力。三是出台《推进湛江市预制菜产业高质量发展十二条措施》，从产业园建设、培育壮大经营主体、科技创新支撑、质量安全监管、预制菜装备升级、市场品牌营销、冷链物流体系等十二个方面提出具体措施，着力完善制度设计，大力扶持预制菜产业。四是成功申报“中国水产预制菜之都”，这是继“中国对虾之都”“中国金鲳鱼之都”和“中国海鲜美食之都”之后又一国字号荣誉。

央视网：湛江市内的预制菜龙头企业都有哪几家？接下来将如何发挥龙头企业的牵引带动作用，构建预制菜现代产业体系，形成产业联动？

程凤英：湛江市预制菜产业联盟成员共有154家，其中龙头企业13家，主要代表为恒兴、国联、正大、双湖、虹宝等。主要采取五项措施：培育壮大经营主体。对新增涉及预制菜的国家级、省级农业龙头企业给予奖励。建设预制菜产业园。依托遂溪白坭坡、吴川黄坡两大工业园现有基础，按照“龙头引领、市场主导、政府扶持、集群发展”的原则，规划建设预制菜产业园，重点打造预制菜区域公共品牌。加大科技创新和人才支撑。支持预制菜企业与广东海洋大学、岭南师范学院、中国热带农业科学院等高校科研院所合作，联合共建预制菜公共科技创新和人才培养平台。打造预制菜文化高地。结合湛江滨海旅游资源优势，推进预制菜产业文化与乡村振兴深度融合，在乡村旅游、传统文化和红色旅游线路上设立预制菜体验区。加快预制菜标准体系建设。2022 年 4 月，湛江国联牵头有关机构起草发布《预制菜产品规范》。2022 年 6 月，广东恒兴等多家企业联合起草发布《预制菜品质分级及评价（T/CHA 023—2022）》《预制菜生产质量管理技术规范（T/CHA 024—2022）》两项团体标准。

央视网：李希书记在广东省第十三次党代会上提出，要把沿海经济带打造成更具承载力的产业发展主战场，全面建设海洋强省。湛江作为广东省域副中心城市，要如何利用“中国水产预制菜之都”的招牌，实现陆海统筹、港产联动?

程凤英：湛江市三面临海，拥有海洋面积 2.1 万平方公里，沿海滩涂面积 4890 平方公里，是海洋生物的天然温床。我市将充分利用获批“中国水产预制菜之都”这一国字号招牌的契机，通过市场端倒逼生产端，促进水产产业高质量发展。一是大力推进深海网箱养殖。我市深海网箱达 3300 多个，占全省的 2/3，未来用五年时间逐步建成 5000 个。二是打造“买全球、卖全球”的国际水产交易中心。投资 60 多亿建设集水产品交易、物流、深加工、产品研发等功能于一体的湛江国际水产城。三是充分发挥湛江港作为“一带一路”支点港口、西南沿海港口群主体港的优势，努力建成区域性国际物流中心，助力湛江全力建设省域副中心城市、加快打造现代化沿海经济带重要发展极。

央视网：2022 年中央一号文件提出，推动乡村振兴取得新进展、农业农村现代化迈出新步伐。在乡村振兴新赛道上，预制菜产业的高质量发展，对推动湛江乡村振兴有什么意义?

程凤英：实施乡村振兴战略，是新时代做好“三农”工作的总抓手。我市将继续把乡村振兴摆在重中之重的位置，举全市之力加快推进，努力促进农业高质高效、乡村宜居宜业、农民富裕富足。一是全力抓好粮食等重要农产品稳产保供。二是加强耕地保护利用。三是接续推进脱贫攻坚与乡村振兴有效衔接。四是夯实农业现代化基础支撑。五是大力发展乡村产业，包括推进现代农业产业园建设、推动水产产业高质量发展、推进预制菜产业发展、大力发展乡村旅游、推动农村消费提质升级，等等。六是积极推进乡村建设。七是突出实效改进乡村治理。

预制菜产业高质量发展对湛江乡村振兴至关重要。我认为，湛江推进预制菜产业高质量发展，是大力发展农产品加工业，加快构建现代乡村产业体系，持续促进农村一二三产业融合发展的一大发力点；是我市开展乡村振兴工作的一大亮点；是我市推动“三农”各项主要工作指标迈入全省第一方阵的一大助力。

佛山市农业农村局何战局长专访

佛山：创新粤菜体系设计，推动粤菜师傅走向千家万户

来源 《南方农村报》 南方+ 预制菜大卖场

万亿产业新赛道，佛山正加快入局。

佛山市委、市政府高度重视预制菜产业发展工作，在佛山市第十三次党代会报告中专门提出建设特色农产品预制菜产业园等具体举措。

2022 年，佛山市政府工作报告也将大力发展预制菜产业纳入重点工作任务，全面加强市级统筹和五区联动；同时，率先在全省地市级层面成立佛山预制菜产业联盟，强化金融保险服务支撑，为当地预制菜企业提供贷款 5.3 亿元；还加快推进预制菜全程溯源体系建设，在源头把好质量安全关……

群雄逐鹿，烽烟四起。佛山预制菜如何抓住风口，打造从田间到餐桌的全链条？佛山美食，从本土走向全国、全球还需要哪些努力？佛山将如何借助预制菜，进一步擦亮“美食之都”城市名片？为此，南方报业传媒集团（南方农村报 南方+ 预制菜大卖场）记者专访佛山市委农办主任、市农业农村局局长何战，他从充分挖掘佛山区域优势、推动佛山预制菜市场化、创新粤菜体系菜品设计等多个角度，展望佛山预制菜。

谈优势：工业基础夯实，已形成品牌聚集

南方农村报：预制菜行业群雄并起，您认为佛山发展预制菜的产业基础和优势有哪些？

何战：佛山工业基础雄厚，农业产业特色鲜明。加上拥有优越的区位交通、核心人才、品牌集聚、交易配套等要素，为预制菜发展提供了良好的环境。

首先，佛山地处珠江三角洲腹地，作为“岭南粤菜之源”“世界美食之都”，佛山美食文化底蕴深厚，既具有发展预制菜的先天优势，也肩负着弘扬粤菜美食文化的重任。佛山汇聚了农产品食品化的各种资源要素，农业产业基础夯实，特别是渔业产业发展国内领先，能实现预制菜与特色优势产业集群无缝对接，发展前景广阔。

目前，佛山各区域发展预制菜都有自己相应的定位，并呈现规模化发展趋势。如顺德预制菜产业，涌现了近 30 家规模以上的涉农产品原材料加工企业，强力带动预制菜生产、加工、销售全产业联动发展。南海预制菜市场流通体系比较完善，也有何氏水产、勇记水产等规模企业。佛山各区各部门正加大招商引资的方式，积极与国内预制菜龙头企业洽谈对接，力争引进一批优质项目。

其次，佛山已形成了品牌集聚，拥有成熟的供应链体系支撑，加上完善的装备设施、一流的信息化建设等基础配套资源，培育出了中南农业、环球水产、国通物流等一大批年交易额超千亿元的全国知名农业流通企业，建有美的、海天、小熊电器等预制菜相关产业的龙头企业。强大齐备的现代农业、食品加工业、装备制造、信息技术等产业链全要素，为佛山市预制菜高质量发展提供了十分有利和广阔的空间。

同时，近年来佛山以开展“粤菜师傅”工程为抓手，大力实施“佛味鲜生”优质粤菜食材建设行动，推动“粤字号”农产品品牌培育和农产品质量安全追溯管理，实现预制菜原辅材料供应量足、质优、安全。

在这些优势的支撑下，我们认为佛山发展预制菜产业，可以突破时间、地域限制，

拆鱼羹

实现传统美食生产规模化、标准化。用工业的思维和标准发展农业，预制菜产业是一个很好的切口，也是农村一二三产业融合发展的新模式。同时，让农业生产跟着市场走，倒逼形成农业定制化、集约化、高效化，有效拓宽了农产品流通销售渠道，让农业产业结构更加优化，串联起现代都市农业发展，使得设施农业、认养农业、订单农业得以集中体现，实现餐饮食品产业与农业产业的同步升级。

这与佛山推动现代都市农业创新发展的工作目标不谋而合，也是佛山在发展现代农业和食品战略性支柱产业集群行动中，围绕“打通产业链、完善供给链、升级消费链、连接市场链、提升价值链”，实现现代农业与健康食品产业融合发展的题中之义。

谈市场：找准销售爆发点，推动市场化运营走向

南方农村报： *在市场化运营方面，佛山预制菜产业发展步伐在不断迈进，接下来会如何推动市场化运营?*

何战： 预制菜是农业产业革命，冲击了传统饮食方式，对餐饮业来说，既是一种挑战，也是一种变革。

佛山民间美食风格多样，老少皆宜，预制菜产业发展空间巨大，我们会在推进预制菜产业市场化方面下功夫。佛山有大型网络销售基础，这为推进佛山预制菜市场化提供了良好的保障。为此，佛山集中力量，通过市区联动，部门协同推进，在金融、用地、资金、人才等政策方面给予全方位支持和多重保障，通过引进一批，转型升级一批，遵循市场化原则，提升本市预制菜企业和整个产业的核心竞争力，政府最重要的就是做好投资环境及配套服务。

在扩大预制菜市场需求量方面，市场爆发点的创造至关重要。主要从三方面考虑：一是依托厨师学院、行业协会和粤菜名厨名师，不断推出具有代表性，又能保证美味、营养、安全的预制菜菜品。二是能规模化、工业化批量生产，减少损耗、降低成本，通过合理定价，预制菜价格应符合目标对象的消费水平。三是贴合大众的生活模式。现代都市人生活节奏加快，在厨房的时间被急剧压缩，他们需要性价比高、卫生快捷方便、美味营养健康的预制菜来提高生活品质。抓住这三点，能更好地推动预制菜市场运营走向成熟。

谈平台：通过平台打造要素聚集，探索预制菜产业发展新模式

南方农村报：接下来佛山会怎样进一步创建适合预制菜发展的平台？未来搭建平台，正在进行哪些动作？

何战：平台是推动预制菜产业发展的核心和关键。佛山市将全力打造一个预制菜产业发展平台，实现原料、生产、经营、科技、人才、金融、信息等全要素聚集，将粤菜（广府菜）等进行集中展示交流，辐射粤港澳大湾区乃至全国。我们还将利用佛山地处粤港澳大湾区核心位置的优势和《区域全面经济伙伴关系协定》（RCEP）政策，通过进口该区域内其他 14 个国家的优质农产品原料，再以佛山厨师设计、工业化加工，制成预制菜出口，实现“买世界、卖世界”。结合企业合作、“粤菜师傅”人才培养等方式，进一步推动广东预制菜的市场化运作，促进粤港澳美食文化交流，吸引港澳青年在佛山创业，吸引社会资本到乡村兴业，让农民“钱袋子”真正鼓起来。

政府通过培育更多的龙头企业，串联起预制菜上下游产业链。串珠成链后，顺势而为，进一步打响佛山预制菜品牌，推动高质量发展。在这个过程中，市场自身也会进行调整，进一步优化资源，预制菜企业同样需要在培育市场、开拓市场中学习成长。

烤鱼

为搭建大平台，佛山正以政策护航的方式，为预制菜发展提供良好的环境。例如佛山“1+2+N”产业发展平台，即在顺德区筹办首届中国国际（佛山）预制菜产业大会，打造永不落幕的预制菜产业大会；在南海区、顺德区创建两个省级预制菜产业园；筹划建设全国性的预制菜大数据中心，建设若干个预制菜研发和人才培养基地，力争建设辐射全省、影响全国的预制菜产业交流合作中心。

如今，佛山顺德正谋划推进预制菜“六个一”工程：出台一套支持预制菜发展的政策，建设一个预制菜产业园区，设立一个预制菜产业发展基金，举办一场预制菜产业大会，打造一个预制菜研发和人才培养基地，建设一个预制菜大数据管理平台。

佛山南海正推进十大国家级预制菜产业发展示范平台建设，力争用3年时间（2022—2024年）构建数字化、市场化、集群化、规范化的南海区预制菜产业发展新体系。

接下来，佛山将依托本地农产品供应体系，通过“引进龙头，带动一批”，形成“现代农业＋中央厨房＋电子商务＋展览服务＋消费体验＋工业旅游”于一体的佛山特色预制菜产业发展新模式。

谈粤菜师傅：创新粤菜体系设计，将佛山预制菜送入平常百姓家

南方农村报： *粤菜师傅是广东美食的核心竞争力，您认为可以如何让粤菜师傅走向千家万户？*

何战： 菜品设计是顶级内容。在佛山的预制菜企业，可以享有佛山市丰富的粤菜师傅资源，拥有创造美食的雄厚根基。粤菜作为一种文化符号，已深得海内外人士的喜爱与认可，特别是粤菜代表——广府菜。粤菜文化的魅力，需要一代代粤菜师傅厨艺的传承和淬炼。

近年来，佛山大力实施“粤菜师傅”1+5系列工程，建成省市级“粤菜师傅”培训基地和大师工作室39个，评选出30名佛山粤菜名厨，75家佛山粤菜名店及131个佛山名菜、名点，各项工作取得扎实成效。

接下来，佛山将深刻把握预制菜像是快餐但优于快餐的特点，立足佛山特色探索差异化发展路径，使得粤菜大师作品工业化，走进平常百姓家，产品从美味、营养、安全等方面全面提升。一方面，大力推动预制菜产业发展与“粤菜师傅”工程有机衔接，充分发挥粤菜厨师队伍人才优势，辅之食品加工、冷链锁鲜等各种新技术，不断开发出品体现粤菜特色的佛山预制菜新品，充实整个粤菜体系设计，让全国消费者足不出户就可享受具有粤菜特色、食品工业化后的佛山美食。同时，将粤菜餐饮文化融入预制菜，弘扬粤菜粤厨文化，赋予粤菜文化现代新潮元素，让预制菜成为新餐饮风尚、新餐饮模式、新餐饮文化产业的引领者。另一方面，通过开发设计预制菜手信、打造预制菜文旅体验区，推动预制菜产业与乡村休闲、旅游、文化产业等深度融合，让预制菜成为农民“接二连三”增收致富的新渠道，成为推动乡村振兴的新抓手。

佛山顺德：世界美食之都　预制菜火力全开

作者　喻淑琴　　来源　《南方农村报》

如果你问：中国预制菜美食哪里最好吃？很多人会自豪地给出回答：顺德！

作为“世界美食之都”“中国厨师之乡”，广东佛山顺德在众多美食爱好者眼里有着举足轻重的地位。

曾经，有人说顺德的菜和餐饮难以“走出去”，一是因为厨师，二是因为食材。如今，顺德出台“六个一”工程发展预制菜与“粤菜师傅”工程相结合，通过联合省市科研机构，以及顺德厨师学院和顺德美食工业化研究院等构建预制菜研发和人才培养模式，开启高端营养配餐的新纪元。让这座传承赓续、古老与现代交融的美食城变得更加熠熠生辉。

因源远流长的饮食文化底蕴、人才济济的粤菜师傅队伍、千锤百炼的非遗传统工艺，曾有多少人寻味而来，在顺德街头巷角的小店铺或餐厅酒店间流连忘返。而今，在群雄逐鹿的预制菜时代浪潮中，不管是B端还是C端，连续十年蝉联“全国经济百强区之首”的顺德，凭借雄厚的工业基础，以及冷链物流和电商平台的紧密配合，让顺德预制菜实现了点对点精准批量供应。

响应广东省《加快推进广东预制菜产业高质量发展十条措施》的号召，顺德出台“六个一”工程发展预制菜，借助无可比拟的产业优势，千年传唱的金字招牌，“顺心顺意”的发展环境，让线上线下群英荟萃，全产业链联动意气风发。

顺德预制菜正立足产业风口，抢占C位，并借力开启高端营养配餐的新局面。全世界食客的目光聚焦在这里，吃出经典，品出“国际范”。

产业化运营　高端化发展

顺德拥有雄厚的发展基础和产业实力

顺德预制菜的火爆，是一种必然。这必然来自顺德预制菜雄厚的发展基础和对产业实力的高度自信。正所谓靠山吃山、靠水吃水，顺德地处珠三角腹地，水网密布，水质清新，是我国水产品重要基地之一。顺德 15 万亩鱼塘里，鳊鱼产量占全省的 70%，鳗鱼产量占全国的 30%、全省的 50%，生鱼产量占全省的 45.3%，加州鲈产量占全省的 32%，几乎都占领了全省乃至全国的半壁江山，为预制菜生产提供了鲜美而量足的原料供应。

均健、品珍科技、东龙烤鳗、新雨润、怡辉……顺德除拥有 40 家国家及省市级农业龙头企业、29 个市级以上农产品品牌外，还有近 30 家涉农产品原料加工企业，年产量约 110 000 吨，年产值约 60 亿元，提供了全面充足的资源，成为保障预制菜发展强有力的“后备军”。同时，顺德完备的家电、物流、电商等配套产业犹如“助推器”，为当地预制菜规模化发展注入了创新活力并带来了多样化可能，有力地开拓了全国餐饮市场。

此外，顺德已建有全球规模最大的超低温产业链基地，通过与美的、德尔玛、小熊等家电企业一起携手研发预制菜专项，与天猫、京东超市、广东邮政等电商平台和物流冷链企业合作，共同构筑起预制菜发展的上下游全产业链。

目前，顺德预制菜产品已在大润发、卜蜂莲花、华润万家等国内大型连锁超市上架，国内市场占有率达到 20%，“润物细无声”一般地走进了千家万户。

拿得出手的体面　摆得上桌的美味

关注食材和工艺

所谓厨出凤城，在顺德，无论是专业名厨还是草根厨师，对于食物加工，都秉承着师承一脉的严苛态度、精益求精的工匠精神。每道菜都从选材、调料、包装等方面层层把关，特别是为菜式研发、口味保障这两个核心环节提供强大的厨艺支撑。

作为“中国厨师之乡”，顺德有全省最领先的餐饮人才培养体系，在推进“粤菜师傅”工程上已硕果累累。顺德厨师学院开办免费“粤菜师傅”厨艺培训班，顺德美食工业化研究院与企业构建常态化合作机制，助力建设预制菜人才实训基地，源源不断地输送各类餐饮人才，带动约 10 万人就业创业。目前，顺德几乎每 30 人就能出一位厨师，可谓是全民皆厨。同时，顺德坐拥 43 位“中国烹饪大师”，27 位“中国烹饪名师”，20 位“食在广东钻石名厨”，如世界中国烹饪裁判员罗福南、国家高级中式烹调师朱志保、中国烹饪大师吴家勇……这些耳熟能详的名字，都来自顺德。

除却顺德粤菜师傅极致的技艺，美食还需高品质食材的加持。在顺德，预制菜最大限度地保留了食材的鲜美性，新鲜打捞的活鱼从送达、加工到成品不过几个小时。

在技术上，顺德也下了苦功夫。相关调查报告显示，经过锁鲜、冷冻等环节，顺德预制菜口感还原度可以达到 90％。目前，顺德正针对预制菜锁水、保鲜、保质三方面进行更深入的技术探讨和研究，让历史的经典风味与最佳手艺相结合，完美“锁”住“顺德味”。

当下，广东预制菜正与“粤菜师傅”工程相融合，品珍科技与顺德厨师协会合作研发预制菜产品，顺德均健公司也设立“粤菜大师工作室”，传承粤菜文化底蕴，熬制高端均衡营养配餐，让美食之都的口味和厚重底蕴通行四方。

文化传承　走出国门

海外游子的故乡味

顺德美食之风，萌芽于秦汉，孕育于唐宋，成形于明代，兴盛于清中，鼎盛于民初，辉煌于当下。随着时间推移，美食凝结成文化，独树一帜的饮食传统沉淀为城市基因，并有了最贴近大众的具象化表达。

在过去，一条江能隔出不同的语言和饮食文化。现如今，距离再遥远也不能阻挡人们渴求美食的心。顺德作为广东著名的侨乡，40 多万名带着家乡口味烙印的顺德人，分布在全球 56 个国家和地区。原本在他乡难以觅得的纯正口味，现有顺德预制菜能够满足吃货的胃，安抚乡思乡愁。伦教糕、双皮奶、均安鱼饼、特色鱼生、烤乳猪、猪杂粥……每个顺德人都能数出自己心头好。

例如令人齿颊生香、日思夜寐的“顺德味”代表——鳗鱼。其肉质鲜美嫩滑，味道清香独特，远销东南亚。

预制菜的诞生，跨越了时空阻隔。乘着 RCEP 的东风，更多预制菜发往国外，将美味传递到每一位华侨人的饭桌上。无论走多远，家乡味道总能把人们的思绪牵引回故土的方向。美食是代代相传的共同基因，顺德非遗预制菜，是传承人不忘初心、匠心独运的象征。百年美食技艺，更隐含着烹饪审美和处世哲学，让顺德预制菜到哪里，哪里就有最好的味道。

烤鳗鱼

敢为人“鲜” 拥抱未来
“菜十条”指明方向，“六个一”保驾护航

人杰地灵，薪火相传。顺德美食目睹了文明古国的沧桑和繁荣，见证着改革开放的每一步奇迹。如今，顺德美食又乘着时代机遇，踏上预制菜发展的万亿赛道。在广东省“菜十条”的指引下，大力推进“六个一”工程，编织顺德预制菜产业规划的宏伟蓝图。

目前，顺德计划投资百亿元打造“1+1+1”三位一体大型综合产业园，建设预制菜产业园区、冷链配送园区、“顺德粤港澳（国际）预制菜智造园”等，以实现“原料＋加工＋运输＋销售”的一条龙发展模式，补齐做强产业链；与“粤菜师傅”工程相结合，构建预制菜“2+N”研发及人才培养模式，让美味更加方便、快捷、健康。同时开启高端营养配餐的新纪元，打造全国乃至全球有影响力的预制菜产业发展新高地。

美食四季流转，顺德也正迈开崭新的前进步伐，带着勇气与信念，共同迎接时代给予的新方向。进一步擦亮“世界美食之都”“中国厨师之乡”“中国电器之都”“经济百强区之首”等名片。通过预制菜开启“食”尚新篇章。

佛山南海：广东南海发展水产预制菜的路径与探索

作者　朱皑君　孙景锋　　来源　《中国食品》

预制菜一般是指将各种食材配以辅料，加工制作为成品或半成品，经简易处理即可食用的便捷风味菜品。近年来，随着我国冷链技术的逐步发展，以及居民消费习惯的改变，预制菜产业成为过去五年食品加工行业中发展最快的子行业之一，成为农村一二三产业融合发展的新模式，是农民“接二连三”增收致富的新渠道。广东省佛山市南海区紧抓预制菜发展“风口”，积极推进预制菜产业高质量发展。2022 年 4 月，农业农村部网站公布了 2022 年国家现代农业产业园创建名单，南海区现代农业产业园成为珠三角唯一入选项目。产业园以淡水鱼为主导产业，大力发展预制菜产业，力争用 3 年时间，打造成为全国优质淡水鱼集散流通中心、粤港澳大湾区精品淡水鱼预制菜样板区、城乡融合与乡村振兴样板区。以国家现代农业产业园建设为契机，南海区全力打造农业“产加销”全链条发展模式，促进大农业、大食品、大健康产业融合发展，助力农业产业转型升级，有效促进农业产业链的延伸，使得产业更加聚集，业态更加丰富，产业辐射范围更加广泛。

预制菜全产业链优势

南海区地处珠江三角洲腹地，历史文化源远流长，是珠江文明的发祥地之一，也是岭南文化的典型代表。改革开放以来，南海率先开启工业化和城市化进程，经济社会各项事业发展不断跃上新台阶，连续 7 年位居全国中小城市百强区第二名，先后四次获得“最具幸福感城市”荣誉。

作为广东省城乡融合发展改革创新实验区，南海也是鱼米之乡、美食之都，拥有丰富的水产原材料、成熟的食品加工技术、发达的流通销售网络以及全面的政策措施支持，发展预制菜具备自然和产业链优势。

从产业链上游原料供应来看，淡水鱼类水产养殖是南海的突出优势。广东是全国水产养殖第一大省，近两年水产品总产量均名列全国第一，其中淡水养殖产量全国排名第二。南海是广东省淡水鱼养殖的核心区域、桑基鱼塘生产模式的发源地。淡水资源丰富，西江、北江穿流而过，水网密布、水质优良，形成了全国最大的淡水鱼养殖区，是广东省淡水鱼养殖的核心区域，2021 年全区水产养殖面积 13.93 万亩，淡水鱼产量 20.62 万吨，综合产值约 102 亿元，主要养殖品种有加州鲈、生鱼、黄骨鱼、鳗鱼、桂花鱼等，淡水养殖规模位居全省第一。同时南海也是全国最大的淡水鱼苗繁育中心，其中九江镇获评“中国淡水鱼苗之乡”“中国加州鲈之乡”，建有省级鱼花现代农业产业园，拥有 137 家鱼苗生产主体，2021 年园区鱼苗孵化量将近 1900 亿尾，占全国的七分之一。

南海还是全国重要的农副产品交易中心、全国最大的粮食流通商圈，每年大米商品流通量不低于 150 亿元，占广东省的 20%；拥有中南批发市场、桂江农产品批发市场、华南水果副食城、环球水产批发市场等一批农产品批发市场，其中，环球水产批发市场以每天 200 万斤活鱼的交易量，成为全中国最大的鲜活水产交易市场，是珠江三角洲市民的“超级菜篮子”，供应珠三角城市群人口超过一半的鲜活水产品用量。来自全国乃至全球的丰富农产品汇聚南海，为预制菜产业发展奠定基础。

从产业链中游食品加工来看，南海食品加工资源要素集聚度高，具有农产品工业化的良好基础。南海制造业基础雄厚，企业搭建农产品工业化生产线可充分凭借本地制造业集聚、产业链完整的优势，实现就近供应、集中采购、协同研发。目前，南海已集聚了一批加工流通企业，形成了液氮速冻隧道机、冷藏、保鲜等一批现代化设施，拥有鱼片、腌制、速冻和预制菜等加工生产线。同时，南海正大力推进“粤菜师傅”工程，累计创建省市级“粤菜师傅”培训基地 3 家、省市级“粤菜师傅”大师工作室 5 家，开展“粤菜师傅”培训 6529 人次，为预制菜行业发展充实人才队伍。

从产业链下游营销渠道来看，南海预制菜拥有广阔的市场空间。南海区拥有 371.93 万常住人口，地处粤港澳大湾区腹地，2 小时内可达粤港澳大湾区各主要城市。加州鲈、黄骨鱼、桂花鱼等优质鱼日均北运量超 150 吨，占全省北运量五成以上。在流通物流方面，南海区拥有海、陆、空完善交通网络，一小时交通圈覆盖广州白云机场、广州南站、黄埔港、南沙港等交通枢纽，高速路网四通八达，正加快建设广东省首个生产服务型国家物流枢纽；南海还拥有水产流通企业 37 家，其中规模水产流通企业 10 家，配送网络遍及北京、太原、西安等 25 个省份 50 多个大中城市，带动全国水产批发市场 250 多个、经销商 1000 多个、合作超市和社区高达 800 个，为预制菜产业发展提供便捷的物流支持。

预制菜龙头企业集聚发展

得益于得天独厚的自然条件和产业链优势，近年南海率先发力预制菜产业新赛道，实现了快速发展，涌现出何氏水产、杰大、鱼兴港、香良水产、勇记水产等预制菜龙头企业。

其中，何氏水产是国内活鱼冷链龙头企业，2018 年起率先布局预制菜的投资投产，依托企业原有的覆盖全国的物流优势和南海本地水产养殖优势，迅速打造出自主酸菜鱼品牌“何氏蹦蹦鱼”，预制菜业务实现快速增长，2021 年预制菜产品销量近 1 万吨，产值近 2 亿元，目前占企业销售比例 30%。2022 年计划年销量超 2 万吨，产值超 5 亿元。

杰大集团投资 4 亿元打造的预制菜与生物科技产业项目是华南预制菜产业园引入的首个产业项目，以生物工程技术为基础，开发绿色环保预制菜、生物添加剂产品，抢占预制菜产业赛道，带动当地现代农业产业链延伸发展。

鱼兴港是一家集淡水鱼养殖、贸易、暂养、农产品深加工、冷链物流配送为一体的综合性水产企业，年交易量超 2.5 万吨。2020 年，鱼兴港水产率先打造“渔点牌”深加工水产品牌，推出免浆黑鱼片、酸菜鱼、一宵鲈鱼鲜等产品。

香良水产是广东省重点农业龙头企业，目前从事鳜鱼、加州鲈、生鱼、黄骨鱼等鲜活水产品加工和物流配送，每天销售量超过 5 万公斤。香良水产 2022 年立足自身产业优势，投入 2000 万元发展预制菜产业，其品牌“香良食品”于 2022 年 1 月正式投产。

勇记水产自有养殖基地 8000 多亩，建立起“企业 + 基地 + 合作社 + 农户”的经营模式。2022 年公司增资近 6000 万元建设一体标准化生产车间，主要用于生产各类水产品预制菜。

为进一步推动预制菜产业集聚发展，南海正通过招商引资的方式，积极与国内预制菜龙头企业洽谈对接，力争引进一批优质项目。2022 年 5 月，何氏水产预制菜项目、杰大预制菜项目、鱼兴港水产预制菜项目、香良水产预制菜项目、勇记水产预制菜项目等 12 个预制菜产业龙头项目集中签约，成为激发南海预制菜产业发展活力的重要抓手。

以何氏水产预制菜项目为例，计划投资总额约 5 亿元，建设包括水产预制菜加工中心、冷库、研发中心、质量检测中心等相关配套设施。项目落地后，预计带动产值超 20 亿元，将带动更多农户进行健康养殖，助力乡村振兴，有效促进当地优质水产品在国内外市场流通，带动区域及周边水产养殖业、农副产品加工业、产品包装业、装备制造业的产业融合与升级发展。

预制菜产业发展机遇与未来布局

随着产业转型升级，预制菜正进入加速发展阶段。根据《中国烹饪协会五年（2021—2025）工作规划》，预计 2030 年我国预制菜市场渗透率将从当前 10%—15%，提至 15%—20%。

2022 年 4 月 16 日，在农业农村部农业贸易促进中心、农业农村部农产品质量安全中心、中国绿色食品发展中心的共同指导下，首个全国公益性预制菜行业自律组织“中国预制菜产业联盟”正式成立。

抢占预制菜新风口，南海正迎来新机遇。2022 年 3 月，广东省发布全国首个省级预制菜产业政策《加快推进广东预制菜产业高质量发展十条措施》，部署加快建设在全国乃至全球有影响力的预制菜产业高地；6 月 10 日发布的《关于做好 2022 年全面推进乡村振兴重点工作的实施意见》，提出编制预制菜产业发展规划，探索建设预制菜产业园，纳入全省食品工业产业园重点扶持范围，在“专精特新”扶持政策中设立预制菜企业专项，支持企业打造预制菜龙头示范企业。

把握预制菜行业快速发展的重要机遇，南海高站位谋划部署行业发展路径，全方面推动预制菜产业高质量集聚发展。

加强政策引导。2022 年 4 月，南海出台了《佛山市南海区关于推进十大国家级示范项目引领预制菜产业加快发展工作方案》（下称《工作方案》），通过建设十大国家级预制菜产业发展示范平台，以点带面，促进南海区预制菜产业发展全面提速。接下来，南海将继续深耕预制菜产业，聚焦打造十大国家级预制菜产业发展示范项目，即一个国家级现代农业产业园（淡水鱼）、一个国家级预制菜产业园、一个国家级现代农业双创示范基地、一个国家级预制菜展示交易中心及电商培训基地、一个国家级预制菜流通配套中心、一套国家级预制菜质量安全和品质检测体系、一批国家级预制菜细分市场龙头企业、一系列国家级预制菜知名品牌、一个国家级预制菜文旅体验区、一条国家级预制菜美食示范集聚带，力争成为中国预制菜展示展销高地、高质量标准化的预制菜采购高地、预制菜农业金融投资高地、预制菜电商创客创业和人才培育高地，引领南海预制菜走在全国前列。

根据《工作方案》，南海将立足水产养殖核心区域，高标准打造产业园区，发挥广东省农垦集团公司资源优势，打造国家级现代农业双创示范基地，盘活预制菜流通产业发展空间，培育一批预制菜细分市场龙头企业，规范预制菜全链条质量安全监管，塑造一系列国家级预制菜知名品牌，依托南海文旅资源开发预制菜美食线路体验产品，推动十大国家级预制菜产业发展示范平台的建设。

为实现任务目标，南海成立以主要领导任组长的南海区预制菜产业发展工作领导小组，统筹推进全区预制菜产业发展工作；制定产业规划，立足南海区位优势和现代农业资源禀赋，梳理重点环节与现状问题，谋划预制菜产业发展路径；出台扶持政策，支持预制菜产业经营主体发展壮大，鼓励引导预制菜产业相关资源集聚集约，形成完整产业链条；搭建科研平台，整合南海区现代农业产业研究院和华南理工大学食品科学与工程学院等科研院所优势资源，搭建预制菜产学研平台“岭南美食研究中心”，提升南海区预制菜产业数字化、智能化、机械化水平。

加快平台培育。结合自身淡水鱼产业发展优势，南海积极打造预制菜产业园区，抢占农业发展“制高点”。目前南海预制菜产业园区已成功入选国家现代农业产业园、省级预制菜产业园以及市预制菜示范产业园，搭建起国家、省、市三级梯队体系，预计投入超 10 亿元进一步整合南海淡水鱼产业资源，以中央厨房、预制菜产业中心建设为核心，建设精品淡水鱼预制菜样板区，推动预制菜产业企业和产业链上下游配套企业集中入园发展，进一步促进生产、加工、物流、研发、销售等相互融合和全产业链开发。同时依托桑园围水脉，发扬舞狮龙舟文化，再现桑基鱼塘美景，结合预制菜产业打造以淡水鱼为主的观光消费体验场景，将桑园围片区打造成国家级文化公园、世界级旅游目的地，把区域资源优势、要素优势转变为产品优势、市场优势和竞争优势，成为南海预制菜发展壮大高地。

其中，南海国家现代农业产业园规划以九江镇、西樵镇和丹灶镇为主，涉及 422.29 平方公里。产业园范围内，淡水鱼养殖面积达 10.67 万亩，产量 16.62 万吨，占南海区淡水鱼产业 80.5%。根据规划，未来，产业园总投资 25.2 亿元，将以“重科研、强种业；夯基础、转方式；强加工、延链条；树品牌、拓渠道；促融合、富农民”等五大任务为重点，用 3 年时间，构建起数字化、市场化、集群化、规范化的南海区预制菜产业发展新体系。

做强龙头企业。南海将预制菜产业纳入现代农业与食品战略性支柱产业集群重点培育和打造，重点培育一批规模实力突出、联农带农紧密、行业影响力强的预制菜企业，进一步充实南海区预制菜产业集群实力。对内成功培育何氏水产、勇记水产、中农批食品公司、加藤利食品公司和海昌沅食品公司等一批规模以上预制菜企业，以及香良水产、鱼兴港水产、环球水产、扬翔食品等一批在建和拟建预制菜企业；对外通过招商引资的形式，力争引入国内预制菜产业龙头企业落户南海。同时，鼓励推荐区内21家预制菜骨干企业加入佛山市预制菜产业联盟，实现抱团发展，其中何氏水产获推选为联盟理事长单位，通过近年在鱼类加工产品和预制菜品上的不断发力，成功打造出“何氏蹦蹦鱼”“何鲜氏功夫鱼”等品牌，推出的黑鱼片、酸菜鱼快手菜成为预制菜市场爆品，跻身预制菜行业的头部队伍。

提升本土品牌。为普及群众对预制菜产品的理解和认识，营造家庭消费氛围，促进行业发展与消费复苏，树立本地预制菜企业的品牌形象，推广南海预制菜产品，2022年南海正式启动“品预制菜　享南海味”消费券活动，成为广东第一个为预制菜“定制”的消费券活动。活动安排资金预算2000万元，预计能直接带动预制菜消费约4000万元，其背后还将同时带动超2000万元的农业产业发展数据，为做大做强南海预制菜区域品牌提供有力支撑。消费券核销首日反响热烈，撬动全国16个省市消费订单。

强化科技支撑。发展预制菜产业，南海还注重融入科技元素。包括建设智慧淡水养殖技术与装备集成区，重点建设南海区现代农业产业园水产研究中心，促进园内基地转型为现代化、工厂化、数字化淡水鱼产业高地；建设主体活跃的双创孵化区，通过经营主体体系培育工程及国家级优质淡水鱼产业融合发展双创孵化器，打造国家级淡水鱼创业创新孵化的发展核心；建设全国淡水养殖高质量发展先行区，强化品牌及农产品安全溯源体系建设，打造知名地理标志证明商标和建立产业发展联盟，形成辐射国内外的品牌体系和追溯体系。

优化政务服务。针对预制菜企业在园区土地购置、生产设备更新、产品种类研发等方面的资金需求，南海全面优化金融支农质量，提升金融服务农业能力，通过推动金融机构创新融资产品，围绕预制菜上下游、全产业链提供金融服务解决方案，建立精准服务对接和中长期信贷模式，进一步完善预制菜金融服务体系，为南海预制菜产业发展注入金融活水。成功引入金融机构向南海预制菜产业整体授信50亿元，为预制菜相关企业提供优先信贷支持，同时与区内3家预制菜行业龙头企业签订协议，各授信5亿元，配套专业服务团队和绿色审批通道，助力南海打造预制菜特色品牌，点面结合保持对南海预制菜产业的金融资源供给。

潮州：寻机预制菜

来源 《南方日报》

在“最好的中华料理”潮州菜的起源地，敏锐的食品从业者早早嗅到商机。卤狮头鹅、焗鲍鱼、牛肉丸……这些经典的潮州菜菜式正逐渐变成食品工业化产品，走出潮汕、走向全国乃至世界各地。

潮州市委、市政府也有意大力推动潮州预制菜产业发展。《潮州菜中央厨房（预制菜）产业发展三年规划》正加快编制。该规划将系统谋划潮州预制菜产业布局，全面探索中央厨房产业化发展的潮州模式。

入局
潮州菜中央厨房产业联盟全面建立

预制菜概念近期大火，但预制菜在潮州由来已久。

2022 年 4 月 11 日，第一届潮州菜中央厨房产业联盟成员大会第一次会议举行。当天的会议审议通过了《潮州菜中央厨房产业联盟章程》等文件，标志着该联盟的架构全面搭建完成。这是一个专为预制菜产业而生的产业联盟。联盟正式成立于 2022 年 2 月，联盟会员单位有 45 个，包含企业、协会、科研单位、院校和金融机构等。

“成立这个联盟，大家都踊跃参与，希望抱团在一起共谋发展大计。”联盟理事长单位潮州市广济农业投资有限责任公司董事长赵奕彬向记者回忆，此前联盟成立的通知发出去后，很多潮州企业马上提出加入申请，最终经审核合格者可正式入选。

企业对产业联盟的支持侧面反映出，潮州企业进军预制菜市场的步伐正在不断加快。此前，潮州预制菜企业已涌现真美食品、健源匠心等一批具有一定知名度的企业。不过，近期随着预制菜产业再度兴起，一批新的大型企业也在加速入场。

在潮州市凤泉湖高新区，一个总面积约 1.3 万平方米的中央厨房厂房项目正在加快建设，目前已进入内部装修和设备安装阶段。这是 2021 年成立的潮州市廷宴潮菜中央厨房有限公司投资 2 亿元建设的项目，建成后将涵盖冷链和热链生产线，每天可产 5 万—8 万份盒饭。

“工厂预计最快 2022 年 8 月便可以开始出产品，除了生产盒饭和牛肉丸之外，后续我们还将推出鱼翅等中高档的预制菜产品。”潮州市廷宴潮菜中央厨房有限公司负责人吴锋介绍。

位于饶平县的广东海润冷链物流有限公司（下称“海润公司”）内，公司利用现有厂房改造了一条小型中央厨房生产线，作为预制菜研发中心进行产品开发。

“中心目前已围绕几个产品在做研发，接下来用于规模化生产的大面积厂房也已经完成设计。”海润公司总经理黄俊彪表示，立足饶平水产品丰富多样的资源优势和地方特色，公司未来将加大水产预制菜产品的研发和生产。

值得一提的是，海润公司所在产业园——饶平县水产预制菜产业园当前正在申报省级现代农业产业园。按规划，该产业园总投资超 2 亿元。其中，将重点建设海润高质量潮州菜中央厨房建设项目、健源匠心现代水产品精深加工及冷链仓储物流建设项目等 7 个产业项目，总投资超 1.4 亿元。

饶平县农业农村局相关负责人告诉记者，目前相关申报材料已经报送至省农业农村厅，省农业农村厅也已组织专家组至产业园实地核查。

潮州企业加快进军预制菜市场的同时，潮州市委、市政府也在频频出招，向行业释放潮州发展预制菜产业的决心。

2021 年 5 月，潮州曾举办党建引领乡村振兴第一期“潮农路演”暨潮州菜中央厨房产业研讨会，邀专家、企业家深入探讨潮州中央厨房产业的发展前景和路径。2022 年 2 月，潮州市委、市政府发文成立潮州菜中央厨房产业发展工作领导小组，以进一步推进潮州中央厨房产业发展。

“2021 年潮州菜中央厨房预制菜产业联盟成员大会后，潮州在全省率先谋划中央厨房预制菜园区建设，推进潮州预制菜的规模化和标准化生产，推动仓储冷链物流相关配套，以及打造潮州菜中央厨房‘12221’市场体系建设等一系列工作，稳扎稳打，且综合措施性强。”潮州市委副秘书长刘义存表示。他作为潮州菜中央厨房产业发展工作领导小组的办公室主任，深度参与了潮州中央厨房产业发展的过程。

刘义存认为，“发展中央厨房预制菜产业，潮州可以说已经名声在外，接下来要做的就是把一项项工作实实在在落实下去”。

开局
从潮州菜到预制菜的进阶

一道传统的潮州菜距离成为预制菜还有多远？根据菜品的不同，时间和工序或许不一。制作过程和储存条件较为简单的牛肉丸，多年来已有无数企业将其卖至全国各地。近些年，卤狮头鹅这一潮式预制菜也有不少企业涉足。

不过，对于以鲜闻名、制作精细的潮州菜而言，要将多数菜品制成预制菜还有很长一段路要走。

“严格来说，潮州菜是即食菜品，预制菜则是工业化产品，两者是完全不同的概念。”黄俊彪解释说，“一方面，工业品讲求标准化、规模化和工业化生产，所有操作流程及材料用量都要按照严格的标准；另一方面，工业品为适应全国市场需迎合大多数消费者的口味。更重要的是，有些预制菜还需冷冻保存，要考虑如何保留菜品风味等。因此，将一道潮州菜做成预制菜是很艰难的过程，有些菜式制作过程甚至和原来完全不同。”

如今，为了推动潮州预制菜产业发展，潮州不少企业和行业协会正在加大潮州菜预制菜品的研发。黄俊彪介绍，海润公司设立的预制菜研发中心目前已初步研发了近10道菜式，包括黑米焗鲍鱼、竹笋焖鹅、金汤花胶等。

“以竹笋焖鹅为例，鹅肉纤维较粗，菜品经预先冷冻后再复热口感会有很大变化。但我们经过多次试验后发现，制作时鹅肉先用液氮冷冻后再进行切割，之后再解冻烹调，并再次急冻保存，如此下来消费者复热菜品后，鹅肉不会变柴，口感可更大程度保留。”黄俊彪介绍道。

实际上，研发一道预制菜菜品，其过程无异于再创一道潮州菜，需经反复试验方能成功。“就像竹笋焖鹅这道菜，我们的研发团队已经反复做了几百次。但即使如此，在我们看来目前这些菜品依然没有达到最完美的程度，我们还在不断改进。”黄俊彪说。

潮州市厨师协会会长孙文生出身潮州菜世家，近期他所在的协会受潮州市人社局委托，正开展可复热潮州菜产品研发，至今已开发10个以上产品，包括炸粿肉、虾枣等。

在孙文生看来，将潮州菜制成预制菜的难点，在于潮州菜食材讲究、选料广博、做工精细。“经过加热后，把潮州菜的原汁原味，色、香、味、形完美展现，是非常有技术难度的。”孙文生认为，为此研发前选择菜品要仔细斟酌，学会取舍，力求研发出原汁原味的潮州菜预制菜。

事实上，做工复杂既是潮州菜的特点，也是其未来开拓预制菜市场的重要卖点。“现代上班族很少有时间自己动手做复杂的菜品，所以大家买预制菜更偏向于这类菜式。

加上口味清淡且追求巧雅的潮州菜预制菜符合现代人的消费趋势，电商销售与冷链物流模式趋向成熟，可以说潮州菜面临着快速产业化的巨大商机。”孙文生说。

布局
打造潮州菜中央厨房“12221”市场体系

发力预制菜产业，潮州政企纷纷入局，不仅是看好该产业大有可为的发展前景，也是基于潮州独具特色的资源禀赋。

刘义存曾仔细梳理过潮州发展预制菜产业的资源优势。被列入国家级非遗的潮州菜技艺和潮州被外界熟知的美食文化自不必说，当属潮州最大优势。

除此之外，刘义存还指出另外几大优势，首先是潮州拥有强大的原材料供给基础。另一大优势则是，潮州同时具有食品生产加工、厨房设备加工制造、食品印刷包装三大产业集群。据统计，潮州是广东唯一中国食品名城，全市食品企业多达上千家。这里还有被誉为“中国不锈钢制品之乡”的彩塘镇、被誉为“中国印刷包装第一镇”的庵埠镇和“中国瓷都”枫溪区。

“潮州食品企业数量几乎全省最多，而陶瓷、不锈钢、包装等都是预制菜产业链的上下游产业，一个城市有这么齐全的产业配套并不多见。”刘义存表示。

此外，他认为，良好的仓储保鲜冷链运输基础和专业的科技支撑体系也是潮州发展预制菜必不可少的优势。目前，潮州已建成运营的广东海润冷链物流基地是粤东冷冻仓储量最大的基地之一，还有中通快递集团粤东（潮州）智慧物流电商产业园等正在建设。与此同时，仲恺农业工程学院在饶平县设立了两个国家重点实验室分中心，将重点攻关预制菜产业关键技术难点，尤其是预制菜的标准化。

正是基于这些资源优势和特点，潮州自 2021 年开始启动编制《潮州菜中央厨房（预制菜）产业发展三年规划》，计划从全产业链的高度进行布局和谋划。

规划提纲显示，潮州将针对推动预制菜产业高质高效发展提出 16 项具体措施，包括建设潮州菜中央厨房（预制菜）“12221”市场体系；打造一批中央厨房农产品供应原料高标准生产基地；支持科技研发开发和成果转化；推动设备、包装材料与技术研发；升级仓储保鲜、冷链物流建设；制定产业链上生产标准和体系构建；建立溯源质量安全监管体系；加强产业中大平台建设；培育壮大产业链上龙头企业；推动产业培训；规划建设省级、市级、县级产业园区；构建市场营销网络；加强品牌建设；完善金融支持体系；推进预制菜生产碳达峰、碳中和技术改进等。

“这里面最重要的就是潮州菜中央厨房（预制菜）‘12221’市场体系建设，预制菜市场体系建设将是我们接下来的工作重点。”刘义存说。

刘义存透露，目前潮州打造潮州菜中央厨房“12221”市场体系已有具体谋划和实招。在建立潮州菜中央厨房大数据方面，潮州正推动仲恺农业工程学院、省农科院等单位研究构建潮州菜数据库。在建设两个市场方面，2021 年 10 月，潮州举办了中国潮州菜中央厨房（预制菜）产业大会并参加第六届中国国际食品及配料博览会。在举办两场活动后，2021 年潮州也连续举办了潮州菜央厨推介会、潮州市农产品食品化工程中央厨房（预制菜）产业发展座谈会。在产区产品走进大市场方面，潮州市政府与广东省盐业集团有限公司已签订《潮州菜中央厨房（预制菜）产业全面战略合作框架协议》，将为潮州菜（预制菜）产品进入大湾区销售和品牌建设增加新渠道。

市场布局是潮州发力预制菜产业的重中之重。16 项措施中的“构建市场营销网络”也在加快推进中。潮州美食产业互联网平台便是其中一大支撑，该平台由潮州国资平台潮农投携手潮州优选家等单位联合打造。平台不仅能做到潮州美食溯源、加工全流程监控，还能有效整合供应链上下游资源，共同打造潮州预制菜美食的城市品牌。

“对食品企业来说，品牌建设和营销体系是漫长且成本较高的过程。企业通过与平台合作，联名推广预制菜产品，将有效降低预制菜企业自身营销成本。”潮州优选家负责人陈瑞鑫表示。

破局
传统食品企业转型升级之机

“潮州市政府对预制菜产业的重视力度和切入速度是我们没想到的。”民建潮州市委会主委蔡纯纯 2021 年曾和委员会会员一起，对潮州预制菜产业发展进行调研。她发现，受访的潮州食品企业多数看好预制菜产业，但他们同时认为要成功转型至这一赛道并不容易，觉得道路漫长且路径不清晰。

“潮州食品企业中有很大一部分是糖果凉果企业，但这些年糖果凉果的市场需求萎缩，如果这些企业能顺利抓住这个风口实现转型，对潮州整个食品产业的转型发展都大有裨益。”蔡纯纯认为，接下来在预制菜这个新兴市场的培育中，本地政府还可有所作为。

2022 年潮州市两会期间，民建潮州市委会就根据调研带来了加快推进潮州菜中央厨房（预制菜）产业发展的建议。其建议，发挥饶平县水产预制菜产业园优势，以水产企业为突破口，引导农业企业变水产品加工为海洋食品制造，打造为餐饮企业服务的水产类预制菜中央厨房，形成具有地方特色的主副食拳头产品。

此外，建议大力推进潮州菜中央厨房（预制菜）产业园的建设，加大企业招引力度，推动上下游企业向园区聚集，形成中央厨房完整产业生态链。

2022年饶平县两会期间，黄俊彪也根据企业自身探索预制菜产业的经历提出建议。立足饶平县丰富的水产品资源和正在申报省级农业产业园的水产预制菜产业园，黄俊彪建议政府加大对预制菜品标准化建设的投入，建立预制菜品标准化生产的激励机制，通过补贴、奖励、以奖代补等办法，鼓励生产企业开展预制菜品标准化生产。

同时，建议健全冷链物流配送体系。黄俊彪认为，农产品产地冷链物流体系的完善对中央厨房（潮州菜）预制菜行业发展至关重要，政府应支持和鼓励冷链物流企业加强仓储设施改造，建设完善的产后预冷、贮藏保鲜、移动冷库等冷链物流基础设施，全面提升预制菜品冷链物流“最先一公里”设施水平，为发展从田头到餐桌的农产品现代物流体系提供保障。

“最近我还在想，等本地预制菜产业发展有起色后，政府能不能推动建立一个预制菜交易中心。如果这个交易中心能建立起来，全国与预制菜产业相关的采购商、消费者都可能到这里来采购，形成资源集聚效应，可以更大程度带动潮州预制菜产业的发展和一二三产业的融合。”黄俊彪说。

珠海：
预制菜产业园如何建？珠海斗门绘出发展蓝图

来源 《南方日报》

《珠海市斗门区预制菜产业园概念规划》（下称《规划》）正式出炉，《规划》计划建设两大产业基地、打造两大产业中心、构建四大产业平台，谋划“五区联动”新布局，总投资 74 亿元的斗门区预制菜产业园迎来清晰发展战略图。按照计划，到 2030 年，该区预制菜产业年生产总值将达到 300 亿元。

海鲈鱼预制菜

总投资 74 亿元，分三期建设

当前，预制菜已成为群雄逐鹿的万亿级蓝海市场，高质量规划建设预制菜产业园成了抢占新赛道的利器。笔者从斗门生态农业园召开的斗门区预制菜产业园概念规划研讨会上获悉，斗门区预制菜产业园概念规划已编制完成。

2022 年 6 月 2 日，广东省农业农村厅发布《2022 年度省级现代农业产业园建设名单》，斗门区预制菜产业园成功获批省级产业园，成为斗门构建百亿级水产品“标准养殖 + 精深加工 + 冷链物流”产业链的重要平台。眼下，全新规划出炉，标志着斗门朝打造预制菜产业“灯塔”园区这一目标，又迈出重要一步。

据了解，斗门区预制菜产业园以斗门智能制造经济开发区为发展腹地。《规划》显示，产业园总投资将达 74 亿元，规划总用地面积为 1250 亩，将分三期建设。

一期项目：开发范围面积（仅含产业类用地）约 270 亩，总投资近 20 亿元。目前已建成水产品深加工厂房 30 万平方米，近 21 万吨冷库容量，已有强竞供应链、诚丰优品产业园、集元水产等 10 家预制菜企业落户，拥有生产加工区、冷链物流区两大功能区。

二期项目：7 月底启动二期项目标准化厂房建设，计划总投资超 41 亿元，其中既包括政府打造的 25 万平方米标准化厂房，也有连片的土地资源满足龙头企业建厂需求；同时，启动建筑面积 3.7 万平方米的白蕉海鲈产业服务中心项目建设。

三期项目：打造冷链物流产业集群，为预制菜产业园提供原材料、成品、半成品的大宗贸易及集中物流服务，并启动产业流通中心建设，打造以白蕉海鲈为主、其他水产品海产品及农副产品为辅的大型农产品交易市场。

四大平台 + 五区联动

《规划》提出，斗门将全力建设“原材料基地 + 预制菜生产加工基地”两大产业基地，打造“产业金融中心 + 双线物流集配中心”两大产业中心，构建“预制菜生产与研发平台 + 预制菜产业服务平台 + 海产预制菜文化体验平台 + 斗门区乡村产业振兴示范平台”四大产业平台，实打实构建“2+2=4”的预制菜产业平台，从而打造“四大平台，四轮驱动”的预制菜产业引擎，推动一二三产业联动发展，实现乡村振兴战略。

“五区”联动烹饪“一桌好菜”，是斗门区预制菜产业园一创新提法。具体将如何实践？《规划》首度公开详细蓝图。据悉，预制菜产业园将以“五区联动”发展。五区分别为金融服务区、预制菜研发区、生产加工区、冷链物流区、文化体验区、金融服务区。五区将联动发展，打造预制菜全产业链条。

《规划》还提出明确的发展目标。园区计划两年内持续引进 20 个以上优质产业项目，导入产业投资 50 亿元，年生产总值达 60 亿元以上。到 2030 年，预制菜产业年生产总值达到 300 亿元。《规划》已制定十大行动计划，致力打造国内、世界一流的“灯塔”预制菜产业园。

《规划》提出，未来还将探索在园区内建设珠海保税区的食品板块保税片区，把全球最好的优质农产品，如三文鱼、金枪鱼、澳洲龙虾等统一进口至食品保税片区，通过跨境电商平台进行销售，打造预制菜原材料交易中心。

在此基础上，园区将通过完善的物流流通系统、一流的服务功能，汇聚国内外预制菜原材料，打造国内第一个世界级预制菜原材料交易中心，以及全球海鲈预制菜生产加工交易基地、“一带一路”葡语系国家预制菜研发供应基地、港澳标准精品预制菜研发生产基地、珠江西岸食品原材料双线集配基地。

江门：烤鳗预制菜，拓展RCEP“朋友圈”

来源　《南方农村报》

对日本人而言，没有鳗鱼料理的夏天是不完整的。日本是世界第一大鳗鱼消费国，不到世界 2% 的人口，消耗了超过全球年产量 70% 的鳗鱼，每年鳗鱼需求量近 7 万吨。

早在 20 多年前，日本已经开始向中国进口鳗鱼。如今，中国已成为世界上最大的鳗鱼出口国。日本超过六成鳗鱼加工品来自中国，而中国超过 75% 的鳗鱼养殖在江门台山。

在台山菜场小摊、酒楼食肆，鳗鱼是四季常见的鲜活食材。2022 年，台山鳗鱼入选“侨都预制菜”首批菜品——江门十二菜，乘着预制菜产业发展的浪潮，游向更广阔的市场。

台山鳗鱼，品牌价值逾 140 亿元

漫步在台山市端芬镇龙舟滩，连片规整的鱼塘碧波荡漾。养殖人员推着小车在鱼塘间行走，将鱼食投入水中。不一会，成群结队的鳗鱼浮出水面，争相抢食。这里是广东远宏水产集团（下称“远宏集团”）旗下台山共荣食品有限公司的鳗鱼养殖基地。

自 1998 年进驻台山以来，远宏集团在台山已拥有 1.3 万亩鳗鱼养殖基地，亩产量达到 1.5 吨。还建设有一座大型食品加工厂和配套冷库，活鳗、烤鳗和冷冻烤鳗产品是公司的稳定出口产品。

“台山地处广东南部沿海，自然环境得天独厚，有充足的水源和光照，稳定的水体、水质，适合的土壤酸碱度，在同等养殖条件下，鳗鱼的产量比其他地方更高。”远宏集团水产办公室主任徐爱宁介绍。

据了解，江门市是全国最大的鳗鱼养殖和加工基地，全市鳗鱼养殖产量约占全省总产量的 90%，占全国总产量的 75% 以上，活鳗出口量约占全国出口量的 80%，每年为广东出口鳗鱼加工产品提供 85% 的原料。

烤鳗鱼

目前，江门的鳗鱼产业主要集中在台山市，其养殖面积超过 5 万亩，年产鳗鱼占台山淡水养殖总面积的 40％，年产鳗鱼 5 万多吨，年产值 60 多亿元。2011 年，台山鳗鱼被评为“国家地理标志产品”。

逆势出海，出口量大涨

“这是世界鳗鱼加工厂的地图，我们远宏集团共荣食品收录在这里。”徐爱宁的办公室墙上悬挂着一幅日本绘制的各国鳗鱼加工厂地图，收录了 8 家广东省内鳗鱼加工厂的简介和联系方式，远宏集团是其中之一。

经过 20 多年的发展，远宏集团已成为台山鳗鱼省级现代农业产业园的牵头实施主体，2017 年获评“广东省龙头企业”，覆盖养殖、加工、出口等全产业链环节，出口产品包括活鳗和冷冻烤鳗，远销日本、韩国等国家和地区。

为了保证鳗鱼出口质量，远宏集团建立了完整的溯源体系，从苗种培育、土塘养殖、水质监控、土壤监控、用药管理到饲料加工、鳗鱼加工、活鳗出口等，均有专业的检测中心和完善的配套设施进行全过程检测。2019年，远宏集团出口销售鳗鱼达1600多吨。

“疫情暴发后，我们也一度担心2020年的销售情况，后来发现市场反响不错，订单不但没有下降，反而有上升的趋势，几乎每周都会有产品出口。”徐爱宁表示。

“以往，我们的主要市场在日本。近年来，我们不断开拓市场，把触角延伸到了韩国及欧美等多个国家。”徐爱宁分析，“2022年的韩国市场呈现快速增长，出口量增长到2021年的七八倍，帮助消化了大部分的库存。”据介绍，2020年1—7月，远宏集团在台山的鳗鱼出口额超过了7000万元，占整个集团出口额的一半，同比增长近两倍。

近年来，江门市农业农村局将鳗鱼列为江门六大特色优势农业产业之一，进行重点扶持，台山市委、市政府也一直大力支持鳗鱼产业发展。据不完全统计，2020年台山鳗鱼出口额达到10.91亿元，保持良好发展态势。

早在20世纪，台山鳗鱼制品已经被海外华侨同胞当作旅途干粮，或者馈赠亲友的家乡土特产，随着在外讨生活的“金山伯”的足迹闻名海外，同时也维系着海外千万华侨的思乡之情。

“世界鳗鱼看中国，中国鳗鱼看台山。”2022年，台山鳗鱼入选“侨都预制菜”首批菜品——江门十二菜。只需要微波加热两分钟，肉质肥厚、外焦里嫩、入口窜香的台山烤鳗即可上桌，简单方便又美味。

随着2022年RCEP正式生效，企业与相关国家开展贸易带来重大利好。台山鳗鱼也乘着预制菜产业发展的浪潮，不仅游上国人的餐桌，更游向广阔的RCEP海外市场。

“日本关税是8%，韩国关税是25%，关税均比较高。RCEP在关税减让方面有优惠，这对企业是一件好事。”徐爱宁表示，“相对于活鳗，烤鳗食品出口更具优势。我们也会进一步开拓新加坡、马来西亚等市场，让中国鳗鱼走得更远。”

河源：
发力新赛道！上半年预制菜总产值约2.3亿元

来源 《河源日报》

近年来，在省农业农村厅的指导下，河源市立足自身优势，进一步挖掘预制菜市场潜力，推动预制菜向标准化、产业化、品牌化稳健发展，推动预制菜产业进入发展的“快车道”。

从“菜篮子”到“菜盘子”
河源预制菜产业稳健发展

2022 年以来，预制菜成为一个“热词”，受到消费者的广泛关注。蒜香排骨、梅菜扣肉、金汤酸菜鱼、五指毛桃鸡……越来越多的预制菜被端上老百姓的家庭餐桌，挑动人们的味蕾。

2022 年 3 月，广东发布《加快推进广东预制菜产业高质量发展十条措施》，把预制菜作为推动农村一二三产业融合发展的突破口。预制菜产业的蓬勃发展也吸引了众多企业投资布局，成为拉动食品产业转型升级的有效突破口。

新风口，新赛道。2022 年以来，河源市立足自身优势，进一步挖掘预制菜市场潜力，培育特色产业龙头，推动预制菜向标准化、产业化、品牌化稳健发展，为河源现代农业高质量发展培育新增长点。

预制菜产业发展现状及前景如何？如何规范引导促进其健康发展？记者通过走访企业和市场，采访相关部门和业内人士，就如何让“菜篮子”到“菜盘子”，“烹”好预制菜这道大餐进行深入报道。

“懒宅经济”兴起
预制菜发展势头良好

“有时候出于对烹饪的好奇，但是厨艺又不是很好，我会去选择预制菜，或者我不想点外卖时，就会囤一点预制菜。”大学生伍钰灏说。

消费者要么开袋即食，要么进行简单加热或烹饪即可食用，省去了洗、切等繁琐步骤，对烹饪技巧的要求也大为降低，这也让预制菜有了它独特的魅力。随着消费者对方便快捷预制菜的需求的不断增加，加上“懒宅经济”兴起，预制菜进入发展快车道。而随着种类的不断丰富，预制菜也逐渐走上了大众餐桌。

华南农业大学食品学院副教授田兴国表示，预制菜的方便、高效，顺应了当前快节奏生活和年轻消费群体的需求。

数据显示，2022 年“五一”假期，天猫预制菜销售额同比增长超 80%，“6·18”期间同比增长超 230%；5 月，盒马工坊的半成品预制菜销售额同比增长一倍。中国预制菜产业联盟数据显示，2022 年全国预制菜市场规模预计达到 4100 亿元，未来 5 年内有可能达到万亿元规模。据相关机构统计，购买预制菜的消费者中，超过八成的年龄在 22 岁到 40 岁之间。调研用户中，超八成用户每周消费预制菜产品，顾客购买预制菜主要是为了节省时间。

“平时工作比较忙，预制菜容易存放，每天下班回家，直接使用预制菜，半小时内就可以开饭了。”市民陈丽说，预制菜给生活带来了很多方便，尤其是疫情期间，家里的冰箱囤了很多预制菜，以备不时之需。“有时候不愿意出门买菜，一份预制菜就可以解决吃饭问题。”

广东省农业科学院蚕叶与农产品加工研究所副所长吴继军表示，河源预制菜产业发展已有一定的基础，个别品牌产业链条完整，且有一些产品是供给粤港澳大湾区的，建议在增加原料供应的基础上再结合客家元素研发新产品，为河源预制菜产业带来新的探索、尝试和经验积累。

“政府越来越关注预制菜、认可预制菜，这对企业来说是一个很好的发展机遇。”广东东野吉田科技控股有限公司总经理李霞说。

2022 年以来，河源市积极抢抓预制菜“风口期”，市农业农村局持续与省农业农村厅沟通交流，并积极开展摸底调研。经调查摸底，截至 2022 年 6 月底，全市已有从事预制菜生产及流通相关企业 40 家（已投产运营 31 家，预推发展预制菜 9 家），上半年预制菜总产值约 2.3 亿元。全市有饭饭得、霸王花、东野吉田、汇先丰、润泽等领跑河源预制菜产业发展的一线企业，且初步形成了“龙头引领，集群发展，整体推进”的发展格局，打造了以客家盆菜、河源米粉、客家汤料包组合、五指毛桃鸡、贝墩腐竹等为代表的河源预制菜产品，预制菜产业正逐渐成为河源市现代农业高质量发展的新载体。

预制菜推动企业创新发展
机遇与挑战并存

走进位于河源国家高新区的广东百家鲜食品科技有限公司，传统的客家围屋式建筑、可爱的“客家妹”形象让人眼前一亮。

“公司的二期项目正在建设，建成后会有预制菜生产线、冷链库等。”该公司董事长助理王填伟说，公司一期项目建有 12 条生产线，生产酱油调味料系列、鸡精鸡粉系列、沙司系列等上百款产品。王填伟表示，预制菜的口感和鲜味很重要，公司已有调味品的生产源头，在生产成本上相对占优，同时也有固定的供应商，销售渠道相对稳定，发展预制菜产业有一定的优势。同样地，对于发展预制菜产品，公司在经验等方面还有待提高，希望加强与其他企业的沟通，取他人之长，补己之短。

机遇与挑战并存。实际上，对于业界而言，预制菜并不是什么新名词，它出现在市场已数十年了。面向消费端蓬勃发展，则是疫情发生后的事。“无论是对河源还是其他地区，预制菜发展都存在‘风口’，而且预制菜制作的门槛不高，所以一定要有自己的特色。”田兴国说。预制菜要想在风口中“走”出来，需在产品特色、品质、价格上齐发力，积极与市场对接，做出自己的品牌。像河源的优质水源、优质农产品原料，都是自己的特色，要发挥自己的优势和特色，来推动预制菜产业的发展。

预制菜要获得成功，从特色食品变成一日三餐，依然离不开时间和市场的考验，离不开技术和革新的持续。

河源市饭饭得食品科技有限公司是集食品开发、生产、配送及销售为一体的专业食品加工企业，亦是深耕预制菜产业逾二十载的行业龙头。“‘饭饭得’历经 40 余年的发展蜕变，已由传统餐饮模式向工业食品转变，成为规模化发展、标准化生产、产业化供给的综合食品标杆企业，构建了餐饮食品、流通食品、团配食品全方位服务体系。”河源市饭饭得食品科技有限公司董事长温锦培说。

记者了解到，饭饭得公司产品涵盖方便食品、肉制品、罐头、速冻食品（生制品、熟制品）等上百个品种，覆盖全国超 50 个城市。其中，各类生、熟预制菜产品适合用于家庭、酒店、食堂、快餐、军供、海运等多种场景。温锦培表示，企业下一步发展重心将聚焦在研发方面，在现有的客户与渠道资源基础上，加强与上下游企业的合作，打造具有河源特色的预制菜品。

民以食为天。记者在采访中了解到，有消费者反映预制菜虽然方便快捷，但与线下门店所做菜肴的口感口味存在差距，建议餐饮企业使用预制菜应该提前告知顾客。此外，冷链运输环节和产品质量问题等也是消费者较为担心的问题。

众人拾柴火焰高。市农业农村局局长邓春华介绍，河源市将成立预制菜产业联盟，联盟内除了预制菜相关企业之外，还将涵盖冷链物流、原料供应、销售渠道、产品检测、移动数字、行业协会及媒体机构等，具有产业链完善、涵盖面广、构成丰富等特点，这一创新做法也将为河源市预制菜产业高质量发展“保驾护航”。

打出政策“组合拳”
推动农业高质量发展

预制菜上游连着田间地头乡村振兴，下游连着消费变革，对于实施乡村振兴战略、扩大内需和促进消费有着十分重要的意义。但是，不同地区、不同规模的企业加工工艺良莠不齐，统一标准、完善监管体系不可或缺。

近年来，为促进我国预制菜行业的发展，国家相关部门也出台了一系列产业扶持政策。《绿色食品产业“十四五”发展规划纲要》《关于促进食品工业健康发展的指导意见》《国务院办公厅关于加快发展冷链物流保障食品安全促进消费升级的意见》等政策不断推动预制菜行业的发展。

2022 年 3 月，广东省出台《加快推进广东预制菜产业高质量发展十条措施》，是全国首个省级预制菜产业政策。6月，中国饭店协会发布《预制菜质量管理规范》《预制菜产品分类及评价》两项团体标准，为预制菜的品质分级及生产质量管理提供标准指引。7 月，广东在全国率先立项制定《预制菜术语及分类要求》《粤菜预制菜包装标识通用要求》《预制菜冷链配送规范》《预制菜感官评价规范》《预制菜产业园建设指南》等 5 项预制菜地方标准。

中央部署，南粤回响，河源行动。2022 年以来，河源市建立了工作协调机制，多次深入全市预制菜生产及流通重点企业进行实地调研，研究河源市推进预制菜产业发展工作的具体措施。《河源市推进预制菜产业高质量发展实施方案（征求意见稿）》中提出，将出台筹建培育一批预制菜示范企业、创建一批预制菜产业园、打造一批预制菜原料基地等一系列推动预制菜产业高质量发展的措施。

“预制菜产业是推动河源农业高质量发展的重要抓手，要抓住当前大好机遇，大力培育‘万绿河源’预制菜企业，以打造冠军单品为突破口，推动河源客家预制菜产品系列化、品牌化开发。”市农业农村局相关负责人说，在金融方面，河源市将进一步加深银行业与预制菜企业的合作，以信用方式为企业匹配并发放“农业龙头贷”的金融产品，加大信贷投放力度；在制度方面，在全省首创市级预制菜产业高质量发展工作联席会议制度，统筹谋划全市预制菜产业发展布局。

一系列举措体现着河源积极响应中央和省的政策号召。当前，河源市正结合本地特色与优势，开拓创新，不断提升“万绿河源”农产品区域公用品牌影响力，推动河源预制菜“走进”湾区市场，走好现代农业高质量发展之路。

上海：
颁发首张预制菜生产许可证　加速行业规范化进程

作者　徐冰倩　　来源　南方都市报App·政商数据

近日，上海市浦东新区市场监管局向上海天信绿色食品有限公司（下称“天信绿色食品”）颁发了全市首张包含“预制菜”品种的食品生产许可证，这也是继《上海市预制菜生产许可审查方案》于2月1日起实施后，颁发的首张包含“预制菜”品种的食品生产许可证。据了解，企业仅用两个工作日就完成了预制菜生产许可申请。

预制菜统一“身份证”仅两日完成申请

上海市浦东新区人民政府官网显示，天信绿色食品获得的这张食品生产许可证中的品种明细包括水产制品、糕点（包含冷加工糕点和热加工糕点）、豆制品、其他食品。最后一项中就包含了非即食冷藏预制菜类和果蔬类非即食预制菜、其他非即食冷藏预制菜。据了解，针对天信绿色食品的“预制菜生产许可”，浦东新区市场管理局提前介入并提供了全过程的指导服务，最终仅用两个工作日就完成了预制菜生产许可申请，之后便在C端的清美鲜家上架了“五彩时蔬”和“酱爆猪肝”两道菜品。

对于新证的便利性，天信绿色食品总经理王卫军接受采访时表示：“比如酱爆猪肝，猪肝属于肉制品，蔬菜属于农副产品，里面还有料包，以前料包还需要一张料包证，所以它需要好几张证组合到一起，企业会增加很多麻烦。而且这三样组合到一起，还没有统一的‘身份证’，它到底叫什么，分类也没有。有了这张证后就有了统一的‘身份证’，有一个统一的标准，对企业来说操作起来就非常方便了。”

广州市人大代表、广东省餐饮服务行业协会秘书长程钢表示，包含“预制菜”品种的食品生产许可证有利于对生产这类产品的企业集中管理，也便于企业在市场灵活经营，从这方面来说肯定是利好。

专家评论

预制菜生产许可应避免重复审核

据了解，2022 年 12 月，上海市市场监管局发布了《上海市预制菜生产许可审查方案》，其中明确列出了预制菜生产许可分类目录及审查依据，如速冻预制菜中无论是生制品还是熟制品，其审查依据都是“速冻食品生产许可证审查细则”。文件中规范了速冻预制菜、冷冻预制菜、冷藏预制菜、常温预制菜共四大类，大类下包含了各类型的食品类别，其中特别增设了“其他食品：非即食冷藏预制菜”品种明细。

浦东新区市场监管局注册许可分局注册二科科长袁洋表示：“以《审查方案》的要求，从原料入库到生产加工，到产品包装，到出库等都要求全程冷链，而我们也是着重突出了冷链防控的相关要求，保证消费者吃得放心。”他表示，浦东共有食品经营主体 6.6 万余户，食品生产主体 144 户，其中 30% 的食品生产企业具备生产预制菜条件，预制菜产业发展潜力巨大。

未来，不排除其他城市也会有陆续跟进上海的做法的可能，不过，当前各地方对“预制菜”的定义尚未有统一标准，分类也可能出现差异。

程钢建议，“预制菜”相关食品生产许可证的发放应尽量减轻企业的申请负担，避免重复审核。“现行的大部分对预制菜的分类还是落在食品制造行业，企业本身可能就已经具备了这些品种的许可，那到底是要符合预制菜的下位标准还是符合食品本身的上位标准？比如豆干类的预制菜，是按“豆制品”分类还是按其他食品中的预制菜来算？”另外，程钢一直认为，温度标准对预制菜的定义非常重要，在他看来，冷冻形式是预制菜发展的最佳产品形式。“常温类和冷藏类最好不要纳入预制菜，因为预制菜是要解决上游农产品时间保存周期问题，如果只是低温或常温的短周期产品，对农产品的保存并没有太多的时间拉伸。”除了温度标准，预制菜生产的搭配特性甚至是食品的禁忌搭配规范，在之后的预制菜生产许可的细化标准中，建议可以有更明确的规定。

据悉，下一步，浦东新区市场监管局将持续完善预制菜生产许可审批流程，提高审批工作效率，并围绕壮大产业规模，支持产品研发创新，引导仓储冷链物流建设，为预制菜行业健康快速发展打造良好的营商环境。

山东：
抢占预制菜制高点　欲打造万亿元全产业链

作者　颜世龙　　来源　《中国经营报》

继广东省打响预制菜产业第一枪后，山东省也于日前印发了《关于推进全省预制菜产业高质量发展的意见》（下称《意见》）。《意见》明确，到2025年，山东预制菜加工能力进一步提升、标准化水平明显提高、核心竞争力显著增强、品牌效应更加凸显，预制菜市场主体数量突破一万家、全产业链产值超过一万亿元。

目前，山东省预制菜相关企业达8400余家，占全国12%左右，为全国拥有预制菜相关企业最多的省份。据行业人士介绍，2021年，中国预制菜市场规模达3000亿元以上，未来三到五年有望成为下一个万亿级消费市场。

新风口之下，预制菜作为贯通一二三产业的新兴产业，不仅延长了农业产业链条，也提高了农产品加工增值，而这更是成为农民增收致富的有效途径。农业大省——山东，能否借预制菜东风更上层楼?

由点到面

“我们生产的预制菜一年的产量就达几千吨。”隶属于22城供应链集团的济南活力食品有限公司相关负责人刘鸿一说，公司产品主要分为即烹、即食、即用、即热四大类，根据八大菜系总共自主研发了300多个菜品。

刘鸿一介绍，22城供应链集团作为专业的餐饮供应链系统性解决方案服务商，投资开发了22城供应链产业园项目，沿东部经济带，北起北京南至深圳，依托城市分布，间隔500—600公里布局，计划在全国22个城市建立集研发、生产、仓配、服务于一体的供应链产业园中心。目前，位于济南，占地6万平方米以上的22城供应链产业园中心已建成并投入运营。

“在集采方面，我们通过订单农业按需生产供货，优选知名产地保质保量，同时做到了全球采购、完善食材的可追溯体系，目前全球有 1000 多个知名合作供应商。”刘鸿一说，“300 公里半径内已实现次日达目标，今晚下单，明天送达，新鲜的，才是最好的。”

而在潍坊的山东惠发食品股份有限公司（下称“惠发食品”）总部展示厅内，摆放着琳琅满目的预制菜，展览着校园、企业、连锁商超等多个智慧消费场景。

“像麻辣小龙虾、农家蛋饺等系列预制菜品年产量达到 3000 多吨。”惠发食品相关负责人说，目前公司已自主研发预制菜品 2000 余款。而最让其自豪的是公司推出的一系列“大师菜”，所谓“大师菜”，是各大菜系的名店、名厨通过和惠发食品科研技术人员双向融合，将个性化的大师名菜，以工业化、标准化方式进行步骤拆解和转化，而这个过程极其艰难。

“一开始是大师做给我们看，之后是我们做给大师看，只有菜品达到大师的口味，我们才能推向市场。”这位负责人说，“比如潍坊大酒店特色菜红烧肉，要将其进行工业化转化非常难，因为日常大家做的红烧肉都是用家用高压锅炖煮，但工业化生产过程中没有那么大的高压锅，我们就改为用杀菌锅替代高压锅，虽然耗时都差不多，但是我们一锅可以出 600 公斤红烧肉。再经过调料包的配比，与名店名厨的菜品一个味道。”

虽然听起来只是在标准化生产中替代了高压锅，但实际上这背后却是大数据支撑着大师和科研人员数以千次的试验。“我们通过大数据筛选出来，一块五花肉最佳的口感是六瘦四肥，甚至肉的单片重量、盐等调料都要精确到多少克，全部都是标准化数据。前后要经过小试、中试、大试总计几千次的数据模拟和试验。”上述负责人说。

不仅是企业端在发力，多地政府也纷纷出台政策支持预制菜发展。

据了解，潍坊市相继出台了《潍坊市预制菜产业高质量发展三年行动计划（2022—2024 年）》《潍坊市支持预制菜产业高质量发展九条政策措施》；青岛市出台《青岛市预制菜产业高质量发展三年行动方案（2022—2024 年）》；德州市出台《关于加快推进预制菜产业发展的若干措施》；淄博市出台《淄博市预制食品产业发展规划》；日照市出台《日照市支持预制菜产业发展八条政策措施》等。

以潍坊为例，2022 年 4 月更是提出要打造“中华预制菜产业第一城”的口号，力争到 2024 年，全市预制菜市场主体数量达 3000 家，产业链规模突破 3000 亿元。

全省发力

在山东，虽然预制菜由点到面全面铺开，但不少企业表示，由于行业缺少完善的标准体系，预制菜行业有待进一步规范。“现在行业界限不清晰，几乎什么都可以算作预制菜。”

所以，此次山东印发的《意见》中给予预制菜以明确定义：是以农作物、畜禽、水产品等为原料，配以各种辅料，采用现代化标准集中生产，经预加工的成品或者半成品，包括即食、即热、即烹、即配等食品。此外，《意见》中也明确要围绕预制菜产品类别、原料生产、产品供应、加工生产与食品营养及功能等方面，加快预制菜标准研制，支持有关社会团体协调相关市场主体制定团体标准，构建具有山东特色的全产业链预制菜标准体系。

而在产业链方面，《意见》指出不仅要建设标准化原料生产基地，还要培育壮大预制菜加工企业和支持发展冷链物流，推动产业集聚发展。在壮大预制菜企业方面，不仅要支持大型企业集团牵头建设预制菜产业示范园区（基地），打造一批预制菜“领航型”龙头企业。还要强化优质中小企业培育，提高市场竞争力，逐步成为“专精特新”“小巨人”“单项冠军”企业。支持符合条件的预制菜企业上市挂牌融资、发行债券，对在境内外资本市场上市挂牌的企业，给予最高 200 万元的一次性奖补。到 2025 年，培育 10 家以上百亿级预制菜领军企业，形成优质企业梯度培育格局。

在推动产业集聚发展方面，《意见》提出要优化产业布局，引导各地打造预制菜产业园区，鼓励预制菜企业和上下游配套企业集中入园发展。加快建设中国（青岛）、中国（潍坊）国际农产品加工产业园和中国（德州）农业食品创新产业园等国家级食品产业园。到 2025 年，全省建设具有山东特色的预制菜产业园 30 个。此外，在市场和消费端，《意见》提出要开发多元产品、培育预制菜品牌和加强产销对接等。

山东省农业农村厅相关负责人表示，山东发展预制菜有四大优势：一是发展起步较早，二是原料供应有保障，三是产业基础雄厚，四是业态模式多样。

“自 20 世纪 90 年代开始，诸城外贸等食品出口企业就借助食品加工出口优势，开展了肉类、海洋食品半成品等预制菜生产和出口。2017 年山东印发《关于进一步促进农产品加工业发展的实施意见》，提出了发展预制菜肴、鲜切菜、调理食品、中央厨房等新产业新业态。2022 年 2 月，在全国率先成立了首个省级‘预制菜产业联盟’。”上述农业农村厅负责人说。

此外，山东是全国首个农业总产值过万亿元的省份，粮油、果蔬、肉蛋奶、水产品的产量居全国前列，是全国知名的“菜篮子、米袋子、肉案子”，具有优质的源头原料供应能力，可以提供预制菜产业发展需要的优质原料，具备高质量、规模化发展预制菜产业可靠的保障。

在产业基础方面，食品行业规模多年位居全国第一，加工企业及加工能力均居全国前列，培育了得利斯集团、惠发食品、龙大食品、春雪食品等预制菜头部企业。而且配送能力强大，拥有全国最大蔬菜集散中心（寿光）和江北地区最大海鲜冷链物流园（诸城），具有全产业链生产能力。

上述农业农村厅负责人表示，下一步还将加大财政扶持力度。发挥省新旧动能转换基金作用，积极向基金管理机构推介优质预制菜产业链相关项目，撬动金融和社会资本投资，按照市场化原则支持全省预制菜产业发展。统筹有关资金，支持预制菜产业集群式发展，创建现代农业产业园、农业产业强镇，打造农产品加工业、畜牧业高质量发展先行县。推动流通企业与制造业企业合作，支持打造一流供应链平台。

ENTERPRISE SAMPLE

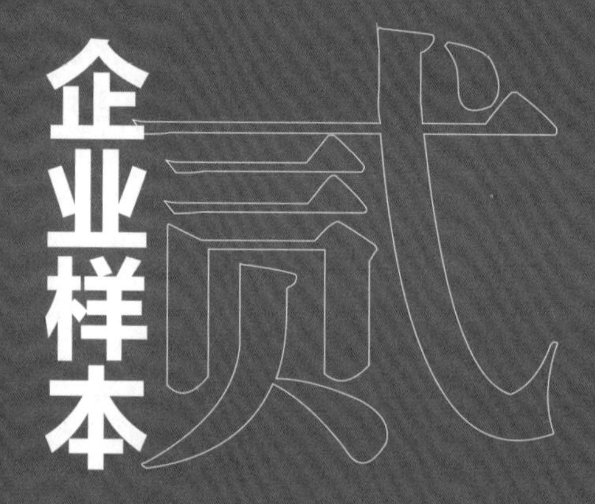

万 亿 预 制 菜

广州酒家集团：
中华老字号“抢滩”预制菜产业新“风口”

来源　新华财经

疫情在给餐饮业带去重创的同时，也催生了新的机遇。2022 年春节以来，粤菜作为八大菜系之一，粤菜餐企在预制菜领域如何布局？广州酒家集团董事长徐伟兵就中华老字号“抢滩”预制菜产业新“风口”发表了观点。

粤式预制菜市场前景广阔

“广东的产业政策，力度非常大，对于餐饮企业来说正向激励作用明显。”徐伟兵表示，“政策与当前行业需求接轨，搭建了从研发平台到产业集群、从品牌营销到人才培养、从监管规范到金融支持的整套体系，指导性强、覆盖面广，充分体现了有关部门对预制菜食品市场的前瞻性，有助于推动产业链上下游的联动发展。”

预制菜是介于餐饮与食品的中间业态，徐伟兵认为广东有发展预制菜得天独厚的优势。首先是人才，预制菜的发展离不开专业技术人才的支持。近年来广东大力推进“粤菜师傅”工程，加快餐饮人才培养。数据显示，截至 2022 年 3 月底，广东已开展“粤菜师傅”培训 38.93 万人次，带动就业创业 81.58 万人次。

“粤菜师傅”工程的专业研发优势，对菜式口味与品质的把控、技能人才梯队的培养与输出，为粤式预制菜发展提供专业人才。据介绍，广州酒家集团作为“粤菜师傅”工程的主要实施企业之一，已经为行业培养超过 4000 名技能人才。

其次是品牌，粤式饮食文化源远流长，粤菜是我国八大菜系之一，有着深远影响力，广受全国各地和海外华人的欢迎，同时“食在广州”城市名片深入人心，为粤式预制菜发展打下良好基础。

再者是区位和市场优势。广东省所处的粤港澳大湾区是巨大的消费市场，渠道网络成熟，科技力量和技术人才充足，同时广东省特色农产品资源丰富，产业链基础完善，具备了预制菜发展的天然优势。除了面向国内市场竞争实力强劲，广东同时又具备走向国际市场的成熟贸易通道和便利交通运输条件，有助于粤式预制菜拓展海外市场。

科研、物流以及标准等环节仍需突破

随着越来越多的企业入局预制菜产业，预制菜产品数量也在不断增加，然而南北口味差异较大，不少预制菜品牌仍具有较明显的地域标签，导致预制菜跨区域销售存在一定难度；同时预制菜供应链体系门槛较高，投入成本较大，限制菜品辐射范围，对规模较小的企业形成一定制约。

“还有预制菜如何还原菜品口味？如何做好锁鲜？物流体系以及冷链运输技术是否能为预制菜企业提供充足的支撑？这些都是预制菜产业想要发展壮大需要突破的障碍。”徐伟兵说。

如何将一道道经典粤菜转化为预制菜，让消费者在家中轻松享用？徐伟兵认为关键在于还原。以广州酒家的广府盆菜预制菜为例，开发过程中，粤菜师傅会先用传统的烹饪技艺和食材原料制作盆菜，经过不同人群反复测试，锁定风味和配方，然后对原料选择、处理工艺、风味调制、熟化加工、锁鲜保存等环节进行工业化分解，最终实现广府盆菜标准化、可复制的生产。

而还原的基础来自科研。据介绍，广州酒家集团已与科研机构以及华南理工大学、华南农业大学、仲恺农业工程学院等高校开展合作，不断优化餐饮出品与食品工业化衔接的核心工艺，尤其针对食材的保鲜度和营养度等方面的研究应用。

同时，徐伟兵表示预制菜产业化发展离不开标准的制定，这包括企业标准、行业标准以及国家标准全标准体系的建设。“预制菜标准的制定与食品安全密切相关。对预制菜原料、前期加工、规模生产、产品包装、标识、储存、冷链运输、微生物指标、添加剂指标、农药残留指标等一系列问题都要有明确规范，确保食品安全。”

针对粤式预制菜标准制定，徐伟兵认为，粤菜烹调方法多样，菜品口味丰富且个性鲜明，各有地域特色，因此针对粤式预制菜标准的制定，既要有统筹又要有细分，这需要政府相关职能部门有所投入，并牵头组织行业协会、科研机构、高等院校、企业共同参与，从地方、行业、国家层面逐级推进，从而科学建立粤式预制菜标准体系。

据了解，目前我国预制菜产业的各项相关标准正在积极调研和制定中。广州酒家集团此前参与了2019年发布的由中国食品工业协会牵头的《预制包装菜肴团体标准》的制定，以及将于2022年6月份出台的广东省食品流通协会牵头的《预制煲仔饭产品标准》的制定。

广州酒家集团发力预制菜

作为广东土生土长的粤菜名企，广州酒家在20世纪90年代初就已经开始预制菜品的研发与销售。据介绍，90年代初，广州酒家的“超级面包西点饼屋”率先推出酒家大厨制作的餐饮半成品菜；90年代推出“速冻点心”与常温半成品菜式品牌“师奶菜”系列；2010年后有-18℃系列的速冻“广府大盆菜”“大厨快菜”“原盅广府靓汤”等各种速冻熟制菜肴，还有自热米饭系列，迎合了消费者快节奏生活的需求。

“30年来，广州酒家精耕预制菜的研发、生产、销售，积累了丰富的技术人才、制作工艺、科研创新等方面优势，中央厨房的建立加速了速冻菜肴全流程生产，经销商、电商、连锁的营销矩阵构建了成熟的线上线下立体化销售渠道。”徐伟兵说。

2021年中秋国庆双节，广州酒家集团创造了速冻产品日均发货约1.1万箱、销售额同比增长36%的佳绩，全年更是价稳量增，销量达到3.5万吨。广州酒家集团2021年财报显示，食品业务实现营收30.52亿元，占总收入比重近80%。徐伟兵说：“目前国内预制菜没有产业龙头，也没有寡头，市场空间很大。”

广州酒家推出的系列预制菜（图片来源：广州酒家）

谈起广州酒家集团未来在预制菜赛道的布局，徐伟兵表示，发展预制菜产业不能单腿走路，不能只把眼光放在食品加工，而是全链条。可通过多种方式推动集团预制菜业务的发展，依托上市公司的平台，更好地利用社会各方资本，可考虑注入相关预制菜基金，或与优质企业共同合作，打造预制菜产业的平台，让上下游都参与进来，通过提早预订采购量、全年订单等方式，降低生产成本，实现产业链利益共享。

此外，徐伟兵认为推动预制菜的发展还应该倡导场景应用。“开发菜品的时候就要想好目标受众，有针对性地进行研发，同时可以跟家电企业合作，针对不同的厨房家电开发出适合的单品，就可以卖到千家万户。”

对于粤式预制菜如何留住粤菜文化，支持粤菜走出去，徐伟兵表示，未来餐饮行业是两极分化的，快餐化将占据市场大部分体量，另外就是坚持特色，不追求数量，未来名店名厨仍有生命力，广州酒家也在调整，在保持传统的基础上，积极进行着创新。

“这几年我们在推的广式盆菜预制菜，其实也是广府文化的一种传播。同时广州酒家多年的预制菜实践表明，只要保持高要求，中央厨房、食品加工厂是不会让我们的出品质量下降的。未来我们也不是所有的粤菜都要走预制菜的方向，适合的才去做，要保证产品的高品质。”徐伟兵说。

同时，作为中华老字号、粤菜烹饪技艺及广府饮茶习俗的非遗代表性项目保护单位，广州酒家集团目前已有“广州酒家”“陶陶居”等品牌餐饮门店超过 30 家，近年已稳步向大湾区深圳、佛山等地拓展，以粤菜文化“走出去”为目标，未来也计划在更多的一二线重点城市布局。

“以前粤菜餐厅很难做连锁，主要原因就是因为粤菜要求新鲜，要求现做现烹，现在预制菜让我们看到了粤菜‘走出去’的新契机。”徐伟兵说。

广东恒兴集团：预制菜万亿赛道上，谁在领跑？恒兴凭什么成为行业领军品牌？

来源 《南方农村报》

提起恒兴，不仅广东人耳熟能详，全国人民也听过或吃过它日销十万份的预制菜爆品——“金汤酸菜鱼”和广东预制菜十大名品中的“连头熟虾”以及刚获爆品之称的“一夜埕金鲳鱼”。这家成立于1991年的老牌企业，何以成为中国水产的金字招牌？又是怎样成功站上风口，成为中国预制菜产业的龙头标杆？

从近年来恒兴对预制菜产业的大力布局，我们可窥一斑——恒兴坚持不懈地抓品牌、强品牌，预制菜产品体系持续优化，品牌价值全面提升，市场表现量价齐升，渠道体系协调发展，美誉度和影响力不断提升，全力打造为世界一流的预制菜企业。

打造立得住的品牌

2022年，预制菜被视为开年的风口，随着预制菜产业不断走红，越来越多企业涌上这条赛道。据统计，2021年中国预制菜市场规模为3459亿元，按照每年20%的复合增长速度估算，未来6—7年我国预制菜市场或将超万亿元规模，长期来看我国预制菜市场有望实现3万亿元以上规模。

但从目前来看，大部分预制菜加工企业仍处于小、弱、散的状态，它们有的拥有冷链优势，有的具备营销能力，但很少有企业能站稳从生产、加工到销售的全产业链条。而拥有31年历史的恒兴，已经彻底打通种苗、饲料、动保、智慧渔业等上下游资源，成为目前行业内少有的全产业链发力预制菜的企业。这让它具备了控制成本、提高效率的天然起跑优势，也让它对产业链有了更多可控性。

预制菜需要平衡“效率”与“口味”，更需要平衡“便捷”与“健康”。在这个拥有无限可能的发展空间里，品质与安全是预制菜持续赢得消费者信赖的核心。恒兴集团自主研发并推广应用智慧渔业系统，通过智能操作、自动收集数据、实时监控等手段，实现从塘头到餐桌的全过程可追溯，进一步保证食品安全。

品牌就是最好的说明书。如今的恒兴，是农业产业化国家重点龙头企业，中国制造业民营企业 500 强。正如一名消费者所说："我信任恒兴，选择恒兴，正因为这是个老牌子，信得过啊！"

预制菜是一个新兴赛道，但比拼的还是底气和实力。谁能有效解决产业链条短、资源零落分散、增值效益低等短板制约难题，谁就能引领行业发展。

打造叫得响的品牌

民以食为天，中华美食百花齐"香"。每一道美食背后都蕴藏着地域特色和人文情怀，值得人们探寻与挖掘。长久以来，中餐能不能标准化成为一个焦点问题。

传统菜品如何转化成容易储存、方便烹饪的预制菜新品？如何突破传统菜品标准化、工业化的技术问题？如何保证产品营养、口感和新鲜度等问题？这些一直以来人们认为限制中餐发展的条条框框，如今都被预制菜成功克服。

许多连锁餐饮品牌建立了"中央厨房"，统一清洗、切配、制作、包装等，然后再用冷藏车运输到各个门店使用，确保几百家门店口味保持一致。

这样的生产模式，尤其考验一个企业的科研实力。自 2004 年开始，恒兴就组建了专业的水产食品研发团队，在湛江、上海、广州成立研发中心，先后突破了低温保鲜加工技术、水产品肉质调理改良技术、水产品高效灭菌技术等，让预制菜的标准化成为可能。恒兴十分重视产品的质量管控，组建了内部质量把关团队，按照产品国际质量体系标准，制定并严格执行各环节操作规程，真正体现用心出品的精神。

企业立身，行业立范。2022 年以来，恒兴积极参与和引导预制菜标准化建设，与中国饭店协会、中国预制菜产业联盟标委会、中国标准化研究院、广东省食品学会、广东省粤港澳大湾区标注促进会、广东省农业科学院蚕业与农产品加工研究所等行业协会、高校，共计参与 25 项预制菜行业标准和团体标准的制定，现已颁布实施 12 项，其中涉及预制菜标准术语、体系构建等方面，从食品原料采购、原料溯源、制作加工、包装要求、保质期及最佳品尝期、贮存、配送等环节进行规范，对预制菜还原度以及食品安全指标等多方面提出了明确要求，有力推动预制菜赛道有序、健康发展。

打造传得远的品牌

根据艾媒咨询对罗非鱼价格变化的监测，广东省罗非鱼的收购价从2019年年末的均价3.29元/斤，上涨至2022年4月初的5.34元/斤，增长率达到64.1%。近几年，广东省罗非鱼的年均产量约74万吨，罗非鱼收购价的增长为养殖户每年带来至少30亿元的增收。

而这一切变化，正是广东预制菜产业发展带来的结果。有研究显示，品牌价值每增加1%，会给国家GDP带来0.13%的提升。优势品牌的集合，有助于在国际上打响知名度，更是中国挖掘内需潜力、开拓国际贸易的新契机。

恒兴发力做预制菜，正是发挥自身优势，服务广东乡村振兴，推进共同富裕的一个重要表现。

湛江位于祖国大陆南端，属于粤西偏远地区，恒兴一直在思考怎么改变家乡的面貌，帮助农民脱贫致富。多年来，恒兴坚持以"公司＋基地＋农户＋标准＋服务"的运作模式，已带动数万户农民脱贫致富。作为"淡水养海虾"的开创者，恒兴的创举极大推动了水产行业在国内的发展，带领千千万万农户走上了共同富裕的道路。

2022年5月，湛江疫情牵动着全国人民的心，但湛江人却并没有为"吃"而太过担忧。除了当地政府的有力管控，还因为湛江是著名的水产大市，有着强大的预制菜产业。作为成长于湛江本土的农业产业化国家重点龙头企业，恒兴时刻心系家乡，第一时间吹响集结号，紧急调配15吨物资为家乡保供抗疫。5月12日，恒兴组织各地工厂和相关部门加急生产价值50多万元的预制菜明星产品驰援一线，助力抗疫跑出"湛江速度"。

恒兴不仅在湛江人心中是一个有爱的企业，在全国人民眼中，恒兴也是一个有担当的企业。从2020年捐赠4600余箱、价值100余万元的连头熟虾、醉香金鲳鱼、冷冻金鲳鱼等水产产品支援湖北；西安疫情中，恒兴率先伸以援手，捐赠价值300万元的预制菜，用"湛江速度"温暖西安人民；到前不久，又积极响应保供让利倡议支援深圳、东莞、肇庆等地，更是直接捐赠了货值129万港币的预制菜给香港同胞、总量近10万吨的预制菜产品支援上海……越是危难之际，越是彰显责任担当。

正如恒兴的名字——"恒农兴邦"是恒兴一直秉持的企业使命。

"提高人类生活品质"。这样的责任和情怀，正是恒兴制胜预制菜行业，成为领军品牌的深层逻辑。

国联水产：三大核心优势及品牌超级投放 预制菜C端市场渗透提速

来源 《证券时报》

国联水产为了进一步开辟 C 端消费市场，直接提升公司预制菜在消费者中的影响力，已经在产品、供应链和渠道等三个至关重要的方面打造了自身的竞争优势，初步筑牢了进一步发展的“护城河”。

产品力：产品品类丰富 持续推新能力强

多品类产品矩阵构筑产品端核心竞争力。国联水产在做预制菜方面，一直是执行大单品加特色小品的产品矩阵策略。公司的预制菜品专注于水产行业，以对虾、小龙虾、鱼类为主，围绕“小霸龙”品牌构建了完善的预制菜产品体系，涵盖快煮、裹粉、米面、火锅、小龙虾、风味鱼等系列，基本覆盖从餐桌到餐厅的主要消费场景。

其中，国联的小龙虾产品以极佳的品质，深受消费者的厚爱。2021 年下半年，公司的风味烤鱼系列陆续研发上市，很快便打进国际、国内市场，获得市场一致好评，未来有望成为国联的大单品。

拥有水产行业一流的研发优势，研发投入较高，公司多年来致力于基于消费者洞察的新产品研发，为客户创造更大价值。公司重视上海和湛江两地的食品研发中心建设，配备来自国际大型连锁餐饮的资深研发总监、研发总厨组成的研发团队，建立起系统化的产品研发体系。公司 2021 年研发投入 1.63 亿元，营收占比为 3.64％。

公司的产品在执行国际化的生产标准和质量标准方面一直是走在前面，公司预制菜在渗透到 C 端的时候，国联水产的产品以高质量的姿态进入到整个预制菜产业

风味烤鱼

里，在质量管控方面起到引领作用。国联集团联合中国烹饪协会制定的《预制菜产品规范》团体标准已发布，也是希望引领产业能够规范化地发展。

供应链：原材料成本把控较强　自建智能化工厂品控水平高

规模效应下具备强大议价能力，成本把控力强。国联水产的原材料控制力强，可以实现规模化生产，生产效率高，生产成本可以做到最优。

水产品上市采购时间相对集中，而且水产品种类繁多，客户对具体水产品的需求也各不相同，丰富的多品类采购经验对供应保障尤其重要。公司深耕水产行业二十余载，拥有经验丰富的采购团队，在中国、南美洲、东南亚和中东等世界对虾及综合水产品的主要原料产地构建了比较完善的采购体系，实现全球化与规模化采购，对稳定供应有充分保障。

自建智能化工厂品控水平高。国联水产早在2019年即建立了智能化工厂，导入工业4.0设计理念，引进世界先进的自动化、智能化生产技术及设备。该工厂拥有食品智造、自动化和信息化三大亮点，品控水平高，将实现由水产加工到“中央厨房”的转型升级，助力公司提质增效，迈上发展新台阶。

渠道力：全渠道支撑预制菜销售　可最大限度地提高生产规模

公司实现全渠道支撑预制菜增加销量，从产品孵化开始，即可把预制菜在全渠道进行推广，可以最大限度地提高公司的生产规模，使公司的一个产品能够迅速增加销量。国联水产的全渠道建设实现在国内的全渠道覆盖，解决了 SKU 过多、产品小型分散的问题。全渠道销售对公司的整个预制菜产业发展有非常大的支撑作用。

2021 年公司预制菜营收 8.41 亿元，其中餐饮重客渠道 3.21 亿元、国际业务 2.62 亿元、分销渠道 1.48 亿元、电商渠道 0.66 亿元、商超渠道 0.44 亿元。

在商超渠道方面，2021 年公司商超业务稳健发展，合作商超门店持续扩大，产品铺市超 3000 家门店。公司努力推动商超标准店建设，全国商超标准店建设达 1000 家以上，国联形象店、预制菜形象店达 300 家以上。公司与盒马鲜生、永辉超市、沃尔玛等重点商超企业达成预制菜合作，预制菜在商超渠道的销售量不断提升。

在电商渠道方面，公司电商业务上半年进行业务调整，将 B 端业务剥离，战略聚焦于官方旗舰店运营，发展势头迅猛。在天猫旗舰店、京东自营旗舰店、拼多多旗舰店、抖音旗舰店产品销量同比上年增长超 50%。电商公司获 2021 京东生鲜自营商家大会“最佳合作伙伴”奖，公司线上 C 端品牌影响力持续增加，公司品牌推广成效显著。

整体来看，国联水产在水产预制菜赛道所拥有的产品、供应链和渠道三大领域的独特优势，已建立了较强的竞争壁垒，而随着公司品牌战略的不断升级、营销推广的不断加码，旗下预制菜品牌在 C 端市场的影响力有望快速提升，产品将加速渗透，由此推动公司预制菜的营收跨越式增长。

海润食品：助力广东地理标志“走出去”

作者　潮州海润食品有限公司

2022年1月11日，以“合作创新，魅力湾区”为主题的2020年迪拜世博会中国馆广东活动周在迪拜、广州和深圳线上线下同步举行。

作为2020年迪拜世博会中国馆广东活动周系列配套活动，以“共商地理标志品牌化，共享中外合作谱新篇”为主题的广东地理标志产品国际合作大会也于1月12日在广州越秀国际会议中心，以线上线下结合的方式成功举办。海润食品作为参展企业，携带潮卤狮头鹅、潮汕手打牛肉丸、潮汕单丛茶等“粤”字号产品亮相，向世界各国讲述潮汕饮食文化的故事。

本次会议将聚焦地标产品国际合作领域的政策、技术、知识产权、贸易流通等重要环节，通过线上线下结合的方式，助力广东高品质地理标志“走出去”。

地理标志作为标示产品来源于某一地区的标志，是一项用于表明产品的特定质量和信誉的知识产权。地理标志产品保护与品牌建设既关系到区域特色经济和特色产业的可持续发展，又深刻影响着地域文化的传承和弘扬，更推动着国际经济合作与贸易的有序往来。在潮汕地区，就以狮头鹅与凤凰单丛茶最为著名。

以潮卤狮头鹅为例，作为潮汕文化符号之一，澄海狮头鹅极具代表性，更是闻名全国的地理标志之一。常见的狮头鹅大多养130到150天上市；若是老鹅，一般要养三年以上，卤起来各有风味。而卤水作为潮菜代表，让许多食客为之称赞。作为潮人甄选预制菜，潮卤狮头鹅产品是潮州菜“取魂”代表之一。

海润食品提出以“一桌潮菜”为概念，以潮卤狮头鹅为核心产品，从头盘至甜品，按潮汕宴席概念甄选代表菜品组合，打造传统潮汕宴席式潮州菜预制菜组合。将潮汕传统饮食文化赋能于本土特色地理标志产品中，凸显潮汕文化符号，同时，也为消费者们带来方便快捷的地道潮式美食盛宴。而且企业通过中央厨房集中采购、标准生产、科学包装、冷链运输与统一配送，除了提升预制菜的体验感外，更是让国内外的吃货都能吃上最正宗的“潮味”。

我国是一个幅员辽阔、民族众多、历史悠久的文化和资源大国，拥有十分丰富的地理标志资源。借此大会机缘，通过迪拜世博会广东活动周这个桥梁纽带，拉进潮州菜预制菜以及潮汕独特饮食文化与世界的距离，并发挥海润食品板块内外优势，推动更多以地理标志为核心的特色产品“走出去”，与“一带一路”沿线国家和地区开展更广泛的合作，为粤港澳大湾区食品产业建设注入新动能。

海天调味食品股份有限公司：预制食品标准化与调味品标准化

作者　黄小青

预制食品及调料标准化的意义

标准化在工业中具有重要的意义。随着预制菜产业的标准化，预制菜的行业越来越规范，消费者对我们现在不满的方面也越来越少。消费者最关注的是菜品的还原度，标准化的目标就是提高消费者的满意度。预制食品就是食材通过工艺调味而成，食材的标准化、工艺的标准化、口感的标准化，调味品是影响整个预制菜标准化的关键。调味品企业，可以通过对复合调味料标准化的操作，实现推进整个预制菜的口感标准化。

经标准化的调味料是复合的调味料，它的功能包括去腥、增香和调味。过去我们做预制菜的时候，往往需要 20 种或者更多的调味料，包括基础的调味料：食盐、味精、香辛料。如今工业化实现一款到两款的标准调料代替了前面所有相关的标准料，实现整个制作工艺的简化。标准调味料，除了具有调味的基础功能之外，还有补充风味的强化功能。在工业制作过程中，“小锅”变“大锅”，烹调过程中温度曲线的不一致会导致工业出品香气、锅气的损失，风味的逸散。

调味品企业的研发方向是多种多样的。以厨师制作的菜品为对照，分析锅气的来源及产生机理。为实现“减盐不减味”“减糖不减甜”等目标，结合美拉德、焦糖化、调香调味等技术去制作标准化的调料，通过标准化的调料去弥补和强化预制菜的风味，满足消费者的需求。标准化的调料给预制菜这个行业带来什么效益呢？能便利生产，能使预制菜口感稳定，帮助企业快速的推新和迭代，协同企业实现降本增效。

便捷生产方面，传统的预制菜需要比较多种的调味料，还需要加强酱料的研发，其生产工艺复杂，使用标准调味料，能简化工序，省去酱料的研发，简化生产过程，使企业生产过程更加便利。

实现预制菜口感稳定性的保障需要四个支撑，包括原料控制、技术支撑、智能生产、精密品控。实现这样技术的支撑不仅需要调香调色，还要多重技术作保障，包括媒介技术的支撑。原料控制，智能化生产，通过智能化生产减少人工失误，保持稳定。精密品控，保证每一批口感的稳定性，从而实现预制菜口感的稳定性。

怎么做到快速出新？调味品标调采用方便的理念，例如番茄底料，加虾、牛腩、鱼，通过不同的烹饪方式出现了不同的菜式，这就是快速出新的一种方式。如何协同企业降本增效？主要从四方面实现：减少生产工序、减少设备投入，也就是减少生产的成本；我们减少研发人员的投入、缩短研发周期，就是减少研发的成本；我们可以降低品质不稳定导致的品控成本；我们可以降低原料采购的数量，还有仓储的成本，通过多维度给预制菜的企业实现降本增效。

调味品标准化的要素

调味料主要有几点标准化：设计标准化、原料标准化、制造业标准化、品控标准化、技术标准化。其中以消费者客户需求为导向是所有调味料标准化的根本，核心技术是支撑调味料的发展。

如何实现标准化设置？好的产品是设置出来的，我们要以国家的政策为导向，结合市场大数据，从客户的精准需求出发，包括安全、美味、健康、品牌、成本的需要，我们再利用原料配方工艺手段去设置满足客户需求的标准调料。

原料标准化，原辅料一定是以安全为导向，同时也要兼顾高质量、低成本、低风险的思路。我们以供应商的把控、场地的严选、加工工艺优化、加工设备更新、原料的标准五个维度去推进我们原料标准化的建立。以黄豆为例，首先精选产地，其次精选种子，严格控制种植，严格加工除杂，最终才能得到高质量的黄豆原料。

制造标准化，是整个调味标准化的重要环节。那制造标准化的理解，以调味生产为例，生产过程的自动化、智能化、流程化，要融入国际先进的理念，采用全自动化生产，从生产包装管控的程序控制到自动立体的仓库，来打造制造的标准化。需要利用大数据的分析，自动获取数据，以 BI 系统呈现与跟进，这样才能实现标准化的制造。

精密品控是调味标准化的重要保证，从原料包材验收的标准、过程感官标准、上下工序交付、在线监控全面推进产品全生命周期的监控。

加快自主研发出快速检验方法，保证生产过程以及终端产品的快速监测监控跟反馈。调味品是需要核心技术支撑的，核心技术的领先是核心的优势，是调味标准化的根本，以海天调味料为例，菌种选育、酶工程、发酵调控、智能制造、快速检测是重要的支撑。除单一技术的支撑外，我们还需要构建集成的技术、共性的技术跟基础的技术，建立创新体系，从而打造高品质产品。

标准调料在预制食品工业中的应用

标准调味料如何在预制菜运用体现真正的效果？调味料灌输预制菜的始终，即食、即热、即烹、即配都需要调味料。

以酱卤进行案例分析。传统的酱卤需要养卤水，现在的消费者越来越关注卤水的安全性，特别是多次加料之后，卤水里存在添加剂超标的问题。整个工序复杂、耗时、成本高。因为人工操作，所以波动是比较大的。通过标准化的调料和食材的结合，通过加工方式的标准化，实现调味料中多种卤味的出现。

以小龙虾为例，它是怎么标准化改革的呢？传统的小龙虾预制菜，需要采用很多的调料，估计 20—30 种，同时需要花费比较多的研发成本，包括炒料、焖虾。采用标准调味料之后，我们能够整合前端采购原料的资源，帮助企业降本。同时通过标准化调料做到大厨出品的口感。

中国美食博大精深，以炒菜为例，传统的炒菜，除了准备食材跟调料，师傅炒菜的速度、手感、温度、火候都影响这道菜的风味和口感。通过严控操作参数，结合调味料的补强技术，实现整道菜的标准化。目的在于使消费者按照操作规程进行烹饪，使这道菜达到大厨出品的效果。

预制菜如何做到快速出新呢？整个行业发展很快，很多企业在快速出新过程中迭代的速度也是很快的，如果预制食品标准化与调味品标准化不能加快研发的速度，增加研发的投入成本，很可能导致它抓不住风口、抓不住机会。我们通过标准化使研发出品更快，同时实现多元化。例如金汤，可以结合金汤的食材、不同的烹饪方式实现快速出新、快速迭代。

调味品有底料型、风味型、打底型，多样的调味品，这些调味品都能助力预制菜行业的发展。有人烟的地方，就有美味，有美味的地方，就有调味料。

懿嘉食品：
打造一馆、一场和一地！开启顺德预制菜“食”尚新篇

来源 《南方农村报》 南方+ 预制菜大卖场

顺德拆鱼羹、鳗鱼炒饭、金汤花胶鸡……一道道美食分柜陈列，24小时无人售货，提供智能家电加热即食服务，自顺德懿嘉食品旗下的懿嘉知煮第二家线下门店开业以来，其推出的以粤式风味、顺德味道为主的产品，为消费者带来更丰富全面的本土美食购物体验。

从预制菜加工工厂到开创预制菜专门店，懿嘉食品企业正尝试通过新颖的销售模式打造特色消费场景，迎合商超发展的新趋势，同时通过线下体验形式大力推广顺德特色美食。近日，南方农村报专访广东懿嘉食品科技有限公司创始人、CEO马贞，围绕预制菜线下场景营销模式，谈谈她在实践中的认知和洞见。

南方农村报：请问您如何看待预制菜发展前景？贵司进入预制菜领域都做了哪些准备？

马贞：在我看来，预制菜发展是必然的，随着社会发展人们的生活节奏不断加快，对预制菜的接受度也在不断提高。早前，省政府发布“菜十条”政策，提出一系列措施推动广东预制菜产业高质量发展。“菜十条”给予预制菜企业支持和帮助，将对行业发展起到加速推动作用，也为未来发展指明了方向，区委、区政府也越来越关注预制菜产业的发展，预制菜发展必将是快速的。

我司进入预制菜领域有4年时间，初衷是为了推广广东美食、顺德美食，以广东美食、顺德美食的鲜香为主调，通过配方改良、老菜新做等方式，适配更多消费者的口味，以更快的速度在更广的范围推广广东美食、顺德美食。目前主打的核心产品包括有羹类、炖汤类、盆菜系列、家常菜系列以及大口吃肉系列。

南方农村报： *贵司推出懿嘉知煮预制菜专门店，我们在打造预制菜线下营销场景时有哪些优势？*

马贞： 懿嘉知煮是一家以推广顺德美食为己任，以预制菜产品销售为主的连锁零售门店。当初考虑的是如何为消费者提供便捷、健康、营养同时兼具美味的预制菜品，让厨房小白轻松享受美食，解决“吃饭焦虑”大难题，同时为广大消费者提供一站式餐食解决方案。

目前，懿嘉知煮最大的竞争优势在于食品加工厂强大的研发、加工生产能力基础，懿嘉食品拥有自身产品特色，能为懿嘉知煮提供更好的产品赋能和支持。当然优秀的运营团队以及团队共同的理念也是我们最大的核心竞争力。

南方农村报： *现阶段市场上有多款粤味预制菜，贵公司在相关产品布局上是如何思考的？*

马贞： 在做产品布局时，我们整个团队站在消费者角度研发产品，对部分预制菜产品的口味等进行了适当改良，如对于顺德特色美食拆鱼羹，可能会多加一点胡椒。此外，考虑到不同的消费群体，我们对产品的设计也多元化，如炖汤、盆菜等家常菜系列就设计了可蒸可煮模式，从而让消费者在不同的就餐环境有不同的选择，每个产品的搭配也是站在消费者角度来考虑的。

此外，在综合考虑粤菜的品类跟口味外，我们还把产品的还原度跟复购率考虑进来，当然复购率是建立在还原度上的，只有从原材料、生产流程到品质把控都做好，才能最大程度还原菜品本身的味道，才能把粤式味道带向更多的消费者。

南方农村报： *都说食在广东，您怎样看待粤味预制菜的发展？*

马贞： 根据2022年中国预制菜消费者喜爱的八大菜系分布情况显示，川菜最受欢迎，超过55%的消费者首选川菜，其次为粤菜，占比超40%；另外一个调研数据也显示，在预制菜的八大菜系产品中，北上广深一线城市最喜爱的菜系是粤菜，口味偏向清淡鲜美。从大数据就不难看出，粤菜是很受消费者喜欢的，那么粤味预制菜依托粤菜为基础，必将有非常好的发展前景。

南方农村报： *贵司接下来如何谋划布局预制菜发展，谈下您的想法？*

马贞： 近3年来，入场做预制菜的企业越来越多，整个行业也变得越来越完善，客户和消费者的需求也变得越来越高。预制菜企业能逐步壮大，产品非常重要，广东省发布的“菜十条”政策，与当前预制菜行业的发展需求非常匹配，让企业有了明确的指引，必将加速推动预制菜行业的发展，也将促进预制菜行业实现标准化。资源和资金对于预制菜初创企业来说帮助很大，希望政府能多给予帮扶，配合顺德区发布的《加快推进顺德区预制菜产业高质量发展“六个一”工程实施方案》，提出一系列措施推进预制菜全产业链和全价值链建设，也为预制菜发展奠定了坚实的基础。

为紧跟政府的步伐，目前我们也在计划打造一个产业园区。我们目前的想法是做一馆、一场和一地，其中“一馆”计划造一个沉浸式的大湾区美食博物馆，让消费者有互动体验。“一场”指的是打造一个产业园数字化工厂。同时，我司目前也已经和顺德职业技术学院（中国烹饪学院）达成初步合作意向，计划在顺德职业技术学院打造一个产学研基地，这是“一地”。在联合该院厨师团队研发更多产品的同时，也向该院输出预制菜的制作工艺、包装和销售渠道能力等，从而促进大学生的创业等。2022 年公司计划把产品出口到国外。

广东品珍鲜活科技有限公司：让世界爱上广东预制菜

来源 《南方农村报》 《南方日报》

“我们的预制菜来自广东顺德这个世界美食之都，是大师匠心出品。”广东品珍鲜活科技有限公司（下称“品珍科技”）的创始人兼CEO陈翠颖表示，品珍科技拥有一系列爆款产品，以即热即烹深加工的冻品为主，致力于让消费者在家就能简单做出餐厅招牌菜般的美食。

2021年，品珍科技（御鲜锋）入选“广东预制菜先行品牌”，御鲜锋酸菜鱼和天下一盆盆菜产品入选“广东预制菜十大名品”，在2022广东预制菜双节营销中销售火爆，深受吃货们的青睐。

广东预制菜注重追求原创，龙头企业均投入重资研发菜品。以品珍科技为例，它成立于2018年，从2020年起转型为以生产研发预制菜产品为主的新消费品牌公司，遵循“从源头到餐桌”的运营思路，为终端消费者带来世界各地的优质食材，在家品全球。

消费市场对广东预制菜原创菜品给予了肯定。注重原创的品珍科技加入预制菜赛道以来，成果不断。电商方面，品珍科技在2020年成为京东鱼类销售排行Top1；在2021年天猫“6·18”活动上卖出1.6亿只小龙虾，入选天猫“6·18”生鲜品牌排行榜TOP3；在2022年拼多多店年货节销售额同比增长超5700%。

“2022年，品珍科技推出2.0版本预制菜，预制菜销售目标是3亿。”陈翠颖表示，作为广东“广东预制菜先行品牌”，品珍科技将着重打造线上线下全场景的多元化消费场景，线上小程序、电商平台，线下门店、商超等多渠道，实现OMO（线上线下深度融合）的一体化全消费场景融通。研发人员在设计产品的过程当中，将更多地从消费者的口味和便捷性来倒推设计流程，让消费者实现“做饭自由”。

尝到原创甜头的品珍科技，从消费者需求出发，下足功夫研发产品：第一，研发产品多种风味，与科研机构和专业的学科院校进行预制菜功效性的升级研发。第二，通过落地多样性的营销活动，让消费者看到、尝到、体会到预制菜的便捷。第三，做好企业内功，对整个供应链和生产制造要进行更加严格的管理，产品质量就是生命。此外，品珍科技非常注重联农带农，其爆款产品酸菜鱼，所用的鱼片就是采购当地农户养殖的黑鱼。

便捷神：即买即享美食，打造预制菜无人零售生态圈

来源 《南方农村报》 预制菜大卖场

如何拉近消费者与预制菜的距离？实现即时即买即享预制菜。用自助售货机来卖预制菜，已有不少装备企业正跃跃欲试，自助售货机零售方式可为预制菜实现多场景、多形式营销，能将预制菜更快捷、更高效地带进千家万户。南方农村报专访了广东便捷神信息物联信息有限公司（下称“便捷神”）大区经理梁嘉敬。

便捷神是一个扎根自助售货行业22年，在国内较早从事自助售货机运营、OEM（原始设备制造商）制造等业务的综合性企业。梁嘉敬讲述了便捷神为何发力预制菜，又将如何打造预制菜终端零售新场景。

南方农村报：请问您如何看待预制菜发展前景？贵公司何时涉足预制菜领域，又为何会选择预制菜？

梁嘉敬：随着《加快推进顺德区预制菜产业高质量发展“六个一”工程实施方案》的颁布，当前“六个一”工程已经在高效实施，全面推动乡村振兴，助力农产品深加工，令预制菜已成为必不可少的一个环节。

便捷神在无人零售服务商的道路上已经有20个年头了，我们也一直在为即食预制菜做服务，无论是从最初的饮料食品零售或社区生鲜，我们也一直朝着这个方向在迈进。随着人们对高品质、快节奏生活的追求，预制菜也是未来发展的趋势，并成为人们日常生活所需的重要物资，这也是便捷神会选择开拓预制菜板块的根本原因。

南方农村报：能否介绍您知晓的预制菜销售场景有哪些？你们的竞争优势主要在哪里？

梁嘉敬：目前我们最容易接触预制菜的地方就是商超、连锁餐饮，我们平时喝的早茶、吃的点心，很多都是预制菜供应。

便捷神自动售货机是我们预制菜规划中的一个重要零售渠道。当然，便捷神自动售货机的硬核技术配置和高质量售后服务，一直都是我们的强项和优势。另外，关于预制菜，我们线上商城除了提供更多便捷的销售渠道外，还会提供大数据分析，有助于贴合市场需求和供应链体系的搭建，我相信不会辜负大家的期望。

南方农村报：贵公司曾在佛山美食啤酒节顺德分会场推出“取我吧”预制菜智能微超售货机，您是如何想到“预制菜＋售货机”这样的搭配？

梁嘉敬：售货机作为预制菜无人零售的一个载体渠道，甚至是创业、就业的工具，我相信有很多可灵活操作的空间。而且预制菜搭配科技感满满的自动售货机，也许有不一样的化学反应。

我们率先推出“取我吧”物联O2O（线上到线下）新零售商业模式，重点打造以自助售货机为终端入口，整合广告媒体资源、优质供应链、区域物流、电子商务、金融服务等多方资源，实现线上线下融合的新零售模式。

南方农村报：售货机一般会投放在什么样的场所？针对什么样的人群？

梁嘉敬：目前在我们规划中，预制菜的售货机主要投放在四个主题场景，第一是写字楼，针对白领人群，他们有着快节奏且高质量的要求。第二是小区公寓，针对单身人群或小家庭，他们追求便捷实惠。第三是工厂，针对的是一线工人，这里向往便宜分量大的产品。第四是旅游景区，针对游客，观光的同时还可购买当地的美食特产。

南方农村报：目前，市场上有多款预制菜智能售货机，如普通制冷型、冷藏加热型、冷冻加热型……“取我吧”智能售货机与其他售货机有何不同？

梁嘉敬：便捷神在无人售货的领域深耕细作多年，从现金收款到现在的人脸识别，从弹簧技术到现在的视觉重量识别。直到现在，预制菜机器的研发，不仅仅只是温度上的变化，更体现在智能识别上，比如在货道上，我们有滑道激光感应，能识别货物是否已经到达升降平台，而取物口有红外线感应，能避免夹手。还有32寸大屏幕带有购物车功能，能同时进行多个操作流程。此外，后续客户可以直接线上商城下单，然后直接到机器拿到订制的商品。所以我们的机器除了硬核的配置，更多的是做整个预制菜生态圈的配套服务。

南方农村报：您怎样看待社区电商？

梁嘉敬：社区电商我们这几年也一直在做，比如我们的社区生鲜就带有社区团购，小区住户在线上下单，可以直接去机器拿货或者有配套送上门。快捷、高效、低成本、黏度大、区域性强一直都是社区电商的特点。

南方农村报：未来您将如何进一步谋划布局？

梁嘉敬：未来，便捷神希望在各个不同的场景打造成熟可持续的预制菜无人零售生态圈，推动各地预制菜发展。线上线下互补，实现多方资源兼并整合，从而由顺德美食传播至世界美食。联动大湾区发展优势，打造预制菜进出口交易平台。

下篇

趋势：发展新路径

OPINIONS OF GUANGDONG

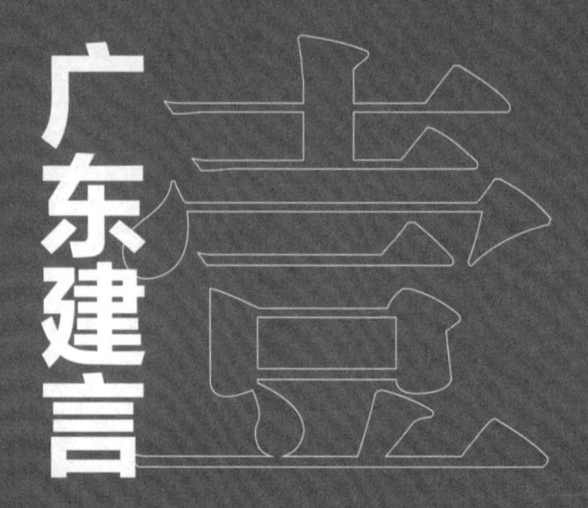

万 亿 预 制 菜

廖森泰：
关于美食预制菜发展的探讨

个人简介：

廖森泰，广东省农业科学院党委书记、研究员。国家蚕桑产业技术体系岗位科学家，农业部功能食品重点实验室、广东省农产品加工重点实验室主任，广东省预制菜联合研究院理事长，顺德美食工业化研究院院长。长期从事蚕桑资源利用和农产品加工研究，获省部级科技奖10多项，其中一等奖3项（第一完成人），获授权发明专利50多项，出版专著8部，发表论文200多篇。

近年，预制菜成为社会和市场的热点。所谓预制菜，就是将食物原材料，通过工厂或中央厨房，以工业化手段进行加工预制成菜品，消费者可以即食，或通过加热和简单烹调就可方便食用。预制菜的分类，从食用方式来分，有即配、即食、即热和即烹等；从原材料来分，有蔬菜类、肉类、水产类和粮食类等；从消费形态来分，有快餐类、家庭类和饭店菜品类等。总之，工业化是预制菜的基础和手段。本文结合实践和思考，对美食工业化和美食预制菜进行一些初步的探讨。

一、美食工业化的提出

早在2017年，笔者就提出美食工业化的想法，并向佛山市顺德区政府提交了“关于发展美食工业化产业的建议”。所谓美食工业化，就是将地方特色美食，以工业化手段进行工厂化、标准化生产，供应广大的消费者市场。

发展美食工业化产业，意义在于：一是适应社会快节奏生活的趋势，满足人民对美好生活的需要。二是催生新的美食产业，并产生巨大的社会经济效益。三是提高地方美食文化的影响力，带动区域社会经济发展。

二、关于美食预制菜

美食预制菜就是将地方特色美食，以工业化手段加工成预制菜品。美食预制菜与一般预制菜的区别在于生产目标和产品是地方特色美食，而不同于普通的快餐式的预制菜。

美食预制菜的最重要特色就是用社会知名的地方美食制作，下面以顺德美食为例。

顺德美食源远流长，作为广府粤菜的重要发源地之一，食不厌精，脍不厌细。据考证，顺德美食之风，萌芽于秦汉，孕育于唐宋，成型于明代，兴盛于清中，鼎盛于民初，辉煌于当今。顺德美食有着广泛的民间基础，人们都知“食在广州，厨出凤城”，其中凤城是顺德县城大良的别称。人人皆厨师，村村有美食，是顺德美食的真实写照。2014 年，顺德获得世界教科文组织“世界美食之都”称号，更加把顺德美食推向全世界。

但是，目前顺德美食只停留在饭店中，若能把美食通过标准化工业化生产，将催生新产业，产生巨大的社会经济效益。

顺德美食原材料多来源于本地,美食工业化将带动农产品销售和农业产值提升。通过美食加工流通、美食工农业旅游等活动，实现一二三产业融合，既能增加区域经济，又能带动农业增效、农民致富。另外，顺德在改革开放之初，建设了众多的村级工业区，面临转型升级的问题，发展美食工业化，可以充分利用这些村级工业区厂房，改造成为美食工厂，盘活资源，增加效益。

三、美食预制菜发展思路

1. 传统美食数据库建立

梳理挖掘地方传统民间美食，建立数据库。系统调研挖掘地方美食的种类、工艺、配方等，包括食材形状、规格、质感、味感、主料等特点，加工方式和文化背景等，构建数据库，用大数据手段总结探索其中存在的规律。

2. 美食加工过程品质变化规律研究与调控

研究和对比传统即食加工工艺和工业化加工工艺对地方美食色、香、味、形、营养等各方面品质的影响过程和影响结果，为美食工业化加工食品品质调控技术提供理论依据。

3. 美食预制菜关键技术研究与产品开发

餐饮即食食品加工时间短，保质期要求不高。而美食的工业化要求有一定的保质期，运输距离长，须能在长距离运输保持其质构形状。美食工业化要重点研究新型防腐杀菌技术、质构保持的包装加工技术及风味稳定技术。

在美食预制菜产品开发方面，研究食品速冻、浓缩制膏、干燥制粉、冷冻干燥、美拉德反应、超高压杀菌、充氮包装、真空包装、自热包装等不同加工方式及多种形式的终端产品，使消费者只需微波炉加热或简单加工就能端上餐桌，并保持产品原有风味。

4. 美食预制菜原料标准化

美食预制菜特点之一是体现地方美食。地方美食有些使用的原材料是未进入药食同源目录的，针对这一问题，可把民间传统长期食用的原材料，通过科学评价后申请地方食品标准或新食品原料，美食预制菜原料标准化，才能实现工业化生产。

5. 美食调味品开发

美味是预制菜的另一个特点。预制菜经过冷冻储存和市场流通，到消费者食用时，如何保真和还原，需要高水平的调味技术，而调味品是美食预制菜的灵魂。要研发系列调味品，以及与不同原材料和菜品相适应的调味技术。

四、科技支撑美食预制菜发展

美食预制菜是一种集科技、经济和文化于一体的高端产业，我们经过多年的实践探索，提出了“三结合”的美食预制菜研发模式。

2020 年，广东省农业科学院蚕业与农产品加工研究所在顺德北滘镇政府的支持下，与顺德北滘餐饮协会，共同成立了顺德美食工业化研究院，目的就是发展顺德美食预制菜。我们经过“三结合”模式，即博士和厨师结合、实验室与厨房结合、科研与产业结合，来开展美食工业化研究，目前已成功地研发出顺德鱼生超低温冷冻技术、营养健康调味品和老火汤煲嘌呤控制等多项技术和产品，市场反应良好。

下一步，还要进一步加强科技支撑，充分利用广东省预制菜产业联合研究院平台。一是通过“双清单”，即技术供应清单和产业技术需求清单，充分了解产业和市场需求，组织科研力量联合攻关，解决美食预制菜的共性关键技术和卡脖子技术。二是制定系列美食预制菜的标准，以地方标准、行业标准和团体标准来规范和约束生产行为，做到有标可依。三是构建质量安全技术体系，要建立预制菜原材料、加工环境监控、有害化学因子和病原微生物控制、贮藏流通的安全保障、产品质量检测等全链条质量安全体系，保障美食预制菜产业的健康可持续发展。

肖更生　王　琴：
广东畜禽预制菜现状、挑战与发展未来

个人简介：

肖更生，全国农业科研杰出人才，国务院特殊津贴专家，农业农村部"果蔬加工创新团队"带头人，俄罗斯自然科学院外籍院士，乌克兰工程院外籍院士，"十三五"国家重点研发计划首席科学家，国家蚕桑产业技术体系加工研究室主任，热带亚热带果蔬加工技术国家地方联合工程研究中心主任，省、部重点实验室主任，中国蚕学会副理事长，广东省预制菜产业联合研究院副理事长。

个人简介：

王琴，博士，教授、博导，仲恺农业工程学院轻工食品学院院长、仲恺广梅研究院院长、农业农村部岭南特色食品绿色加工与智能制造重点实验室常委副主任、广东省岭南特色食品科学与技术重点实验室常务副主任、国家农产品加工产业科技创新联盟预制菜专业委员会执行专家、中国农业科学院农产品加工研究所特聘研究员、广东省"千百十人才培养工程"省级培养对象。

一、我国畜禽预制菜发展现状

预制菜一般是指将各种食材配以辅料，经预加工（如分割、搅拌、腌制、滚揉、成型、调味）制作为成品或半成品，简易处理后即可食用的便捷风味菜品。近年来，预制菜赛道火爆，目前市场常见的预制菜品种有水产类、畜禽类、蔬菜类等，其中肉禽类有较强发展势头。数据显示，2021 年中国畜禽类预制菜行业规模为 977 亿元，同比增长 17.8%，预计未来中国畜禽预制菜市场保持较高的增长速度，2026 年畜禽预制菜市场规模将达 3289 亿元。随着国民可支配收入上升，中国居民饮食结构由温饱型消费转向膳食平衡型消费，对肉类的需求呈现上升趋势，并在消费者追求便利化用餐的趋势下，畜禽类预制菜迎来发展契机。

调研数据显示，在畜禽预制菜的八大菜系产品中，川菜是消费者接受度最高的一类，偏向咸辣口味。其次是湘菜，口味偏向辣味。粤菜的接受度同样较高，注重质和味，开发前景广阔（图 1）。另外，我国肉禽类预制菜的消费呈现以下特点：女性消费较多，比男性高二十几个百分点；一、二线城市居多，其中已婚人群和中青年肉禽类预制菜消费者比例特别高（图 2）。

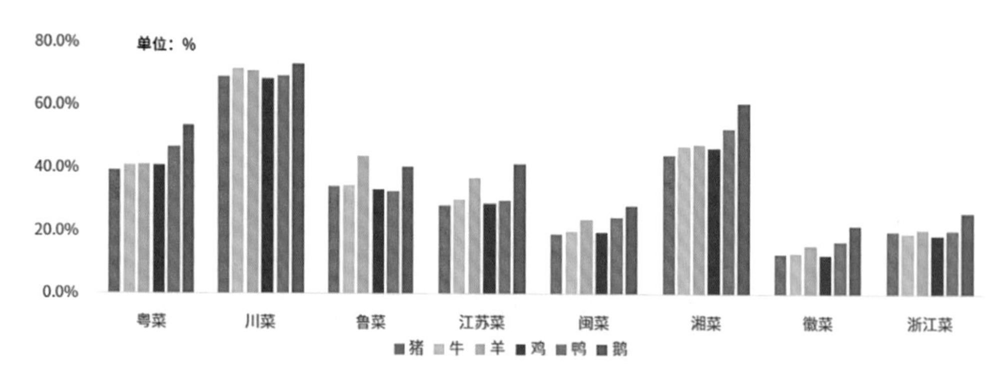

图 1　2022 年中国消费者喜欢的肉禽预制菜八大菜系

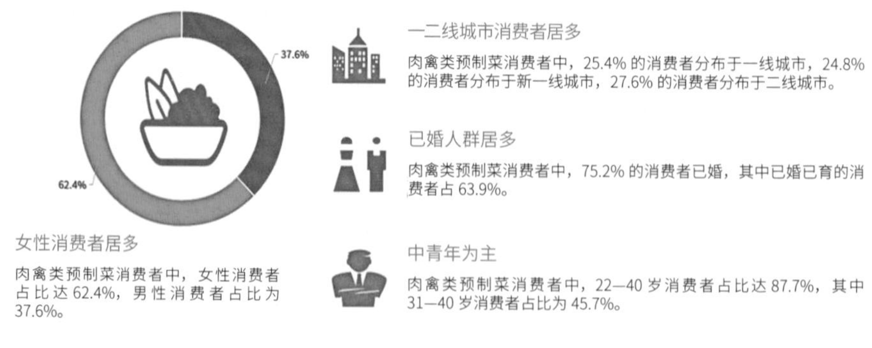

图 2　2022 年中国肉禽预制菜行业 C 端用户分布

二、广东畜禽预制菜产业基础及发展优势

1. 产业基础

（1）广东省畜禽养殖基础

广东省是我国畜禽肉消费大省，也是畜禽生产大省。2021 年广东省畜禽出栏量、畜禽肉产量大幅增长。2020 年广东省畜禽年出栏量高达 12.92 亿只，同比增长 0.5%；2021 年广东省畜禽年出栏量高达 14.12 亿只，同比增长 10.9%。2021 年第一季度广东省畜禽出栏量 2.94 亿只，第二季度广东省畜禽出栏量 2.62 亿只，第三季度广东省畜禽出栏量 2.91 亿只，第四季度广东省畜禽出栏量 4.85 亿只。2021 年，广东的生猪出栏量排名全国第七，家禽出栏量排名全国第二，原料优势明显。

（2）广东省畜禽加工基础

2022—2023 年中国畜禽预制菜发展趋势调研显示，在畜禽预制菜的八大菜系产品中，粤菜排名第二，口味较清淡，深受全国人民喜爱。畜禽预制粤菜的主要原料为鹅、鸡、猪和牛等，代表性菜品有盐焗鸡、白切鸡、广式腊味、烧肉、潮汕牛肉丸、梅菜扣肉等。广东畜禽预制菜企业有 6000—8000 家，约占食品企业总量的 87%，且每年以 15% 的增长率在快速增长，已涌现一大批畜禽预制菜加工规模型企业，如无穷、广州酒家、温氏集团、广东恒兴、国联水产、广东海润、御鲜锋等。

（3）消费群体基础

广东省饮食文化源远流长，粤菜属于全国八大菜系之一，叠加岭南“食疗养生”历史悠久，广式叉烧、广式腊味、客家盐焗鸡、潮州牛肉丸等特色预制菜肴一直广受消费者好评。再加上广东地区经济发达，经济总量排名全国第一，人口多、经济活跃、生活节奏较快，作为中国人口第一大省，广东不仅肉类消费总量全国第一，人均消费量也是全国第一。领先的经济水平和消费能力，为预制菜的需求端打开了市场。2022 年《广东畜禽预制菜调研报告》显示，作为中国畜禽产品消费大省，2020 年，广东省人均肉类消费量排名全国第一，达 64.7 千克。其中，人均禽类消费量（31.3 千克）是全国平均水平（12.7 千克）的两倍有余，每年的生猪消费量更是高达 5000 万头。庞大的消费需求给予预制菜产业发展的沃土，粤菜文化赋予预制菜深厚的南粤文化内涵。在市场需求和饮食文化的双重驱动之下，广东省畜禽预制菜产业发展正在引领全国。

2. 发展优势

（1）发达的经济优势

广东经济发达，生活节奏快，人口众多，饮食生活和烹食习惯倾向于节约时间和工夫，具有较好的主流消费人群基础。在餐饮端，目前餐饮的人工成本、租金成本和食材成本都在进一步提高，对餐饮企业的经营模式提出规模化和前置服务的要求，所以在经济发达的广东对于消费者或者生产者，都对预制菜有了更大需求。

（2）先进的加工优势

广东加工企业众多，加工技术成熟，既有先进的加工技术、完善的加工链条，又有极具创新开拓精神的畜禽预制菜龙头企业。在加工端“万事俱备”的条件下，广东发展畜禽预制菜，可以说是“恰逢东风”。设备、生产加工工艺流程、包装、冷链运输等方面已基本健全。

（3）政府的政策优势

首先，广东省政府高度重视预制菜产业的发展。率先举办了全国性预制菜高峰论坛；组建了首个省级产业联盟；召开了首个省级预制菜产业发展大会，发布预制菜关键核心技术；组织了全省预制菜双节营销行动，出台全国首个省级产业政策；成立了全国首个预制菜产业联合研究院，发布 7 项团体标准。省政府已经从人才培养、质量监管、产业聚集、品牌营销、金融保险等多个方面着手推动预制菜产业发展，为我省预制菜产业高速发展创造了有利环境。在预制菜风口中，广东反应非常迅速，短短几月就推出了涵盖产业发展各方各面的政策，并集结了一批企业、专家、协会、媒体共同推动，力度大效果强。

（4）原料优势

畜禽预制菜作为一种工业化产品，需要有优质原料的稳定供应，才能保证产品的持续供应。广东作为畜禽肉原料大省，在这方面有比较好的原料优势。再加上广东省水资源发达，交通发达，可以从全国乃至全世界调取资源，可为畜禽预制菜提供源源不断的原料。

（5）产业园优势

预制菜是全链路产业，产业园的存在尤为重要，应该成为全链路集群效应的体现，至少要具备一些链路优势，比如集采、集供、配套冷链仓储、交易中心、供应链信贷支持等。截至 2022 年，广东省已经批准建立了 13 个预制菜产业园，这必将促进广东畜禽预制菜的健康快速发展。

三、广东畜禽预制菜发展面临的挑战与前景展望

1. 广东畜禽预制菜产业发展面临的挑战

（1）产业集中度低，规模化企业较少

广东畜禽预制菜产业市场空间巨大，但企业规模普遍较小，缺乏产业龙头企业推动，造成产业从标准到技术升级缓慢。由于产业进入门槛较低，因此在市场需求与政府政策多重推动下，畜禽养殖企业、畜禽加工企业、餐饮及食品企业等纷纷进入赛道，造成预制菜产业存在菜品品类雷同、同质竞争严重等问题，造成同类企业、同类产品低价恶性竞争现象出现，影响预制菜产业科学、健康、持续发展。

（2）产业标准化程度低，品质难保证

广东多数预制菜企业仍采用作坊式加工模式。这类企业设备工艺落后，相应的质量控制体系和管理制度不完善，无法对采购、生产、销售过程进行充分可靠的食品安全控制。尽管我国国家质量监督检查检疫总局已经设立了“中国宴席预制菜标准化研究基地”，但中国预制菜生产加工领域的国家级的生产安全标准尚未出台，使得该领域尚处于真空状态。由于广东畜禽预制菜产业是一个从畜禽养殖到餐饮消费端的“全链条产业”，其产业链供应链大，标准化程度较低，造成预制菜产业产品品质难以保证。

（3）原材料价格波动大，产品风味和口感难以维持

畜禽预制菜原料占产品成本的90％以上，而由于畜禽肉的产量容易受自然条件、贮藏条件等影响，并通过市场供求关系影响原材料价格，产生价格波动，对预制菜行业的成本造成影响。此外，由于预制菜产品从“厨房”到餐桌的过程中存在由“机器”代替“人”、“小锅”换“大锅”、“生产”与“消费”产生时间差与空间差等问题，使得菜品的风味和口感难以复制，口味难以保真。

（4）产业技术研发与成果应用水平较低

目前畜禽预制菜产业还处于初期低水平发展阶段，各种科研机构研发水平与成果应用还处于初期阶段。包括，对于营养搭配技术、菜品研发技术、功能性食品研发技术、未来食品生产技术等食品加工技术，以及流通过程中的质量安全检测分析技术、智能配送应用技术、智慧化销售结算技术等均未得到深度开发，使得预制菜产业全套技术的研发不足，严重制约着产业的科学发展。

2. 广东畜禽预制菜产业发展的前景展望

目前畜禽预制菜产业的发展趋势有以下几点：

（1）加快推进全产业链的融合化

“融合化发展”是预制菜产业发展的根本。单就预制菜产品来说，属于加工产品，而预制菜产业既有农业全产业链的特点，也有餐饮食品全供应链的特征。因此，融合化发展是预制菜产业发展的关键，前端农产品原料性食材的生产、中间农产品深精加工与餐饮食品加工物流、后端餐饮食品市场消费供应，只有实现全产业链的深度融合，才能实现预制菜产业健康发展。

（2）加快推进生产全流程的标准化

“标准化发展”是预制菜产业发展的关键。从初期概念上说，预制菜就是初期农产品通过现代工业化加工成为食品，而工业化的根本特征就是标准化，只有实现标准化，才能实现工业化与规模化。因此，预制菜产业发展就要实现标准化生产，而且要全流程的标准化。

（3）加快推进产业全环节的品质化

“品质化发展”是预制菜产业发展的核心。当前预制菜产业产品供应规模不断膨胀，产业竞争不断加剧。在这种形势下，预制菜产业企业应该重视产品品质提升，把品质提升作为市场核心竞争力去打造，未雨绸缪着力抢占产业发展制高点。在制定产品品质质量标准的同时，要严格把控生产品质与质量，并加强全流程检验检测、全流程监控追溯、全流程保证，实现产业链的品质化。

（4）加快推进产业链价值的重构化

“产业价值重构化”是预制菜产业持续健康发展的保证。当前预制菜产业发展从价值实现到价值分配，都存在严重的失衡问题。预制菜生产企业缺少全产业链发展意识，及科学合理产业链组合机制，从而造成产业价值无法向前端原材料供应环节传导与分配，造成畜禽养殖端价值分配比重过小、利润过低，必将造成供应链的不稳定与产品质量的不稳定。因此，预制菜产业发展必须要解决好全产业各流程的价值科学分配，制定产业链各环节价值分配占比，尤其是前端与农产品生产农户、农民合作社等主体，要建立稳定科学合作的供应体系与价值分配体系。

（5）加快推进全产业链发展的数字化

“数字化发展”是预制菜产业发展的必然选择。产业数字化、生产智能化、销售智慧化既是预制菜产业发展方向，也是必然趋势。预制菜产业链长、流程多、环节复杂，从供应管理到品质把控再到市场销售都存在管理困难问题。因此，应大力支持产业龙头企业搭建全产业链数字化平台，运用区块链技术把产业全流程、全环节、全系统数字化，从原料农产品生产标准、生产技术、品质把控，到加工环节与冷藏运输，再到市场销售、库存管理、核算结算等进行数字化管理。同时在食品加工环节与市场消费环节实现智能与智慧化，从而实现预制菜全产业链高质量发展。

综上所述，广东畜禽预制菜产业既有着广阔的市场发展前景，也有着巨大的餐饮消费需求，同时又是连接现代畜禽养殖业与现代食品产业的重要产业，也是促进乡村振兴与培育新兴产业及新经济增长的重要产业。但是，广东畜禽预制菜产业发展也存在多种问题与制约，因此各地必须要立足本地农产品原料生产供应基础、预制菜生产企业主体基础及市场消费需求，准确发展定位，科学编制产业发展规划，引导组建全产业链发展联盟或联合体，制定产品品质标准与品牌建设标准，加大政策支持力度科学配置研发、供应、金融、政策、人才等产业资源要素，促进预制菜产业科学、健康、持续的高质量发展。

徐玉娟　吴继军：
广东省预制菜产业发展现状与趋势

个人简介：

徐玉娟，食品科学博士、研究员，现任广东省农业科学院蚕业与农产品加工研究所所长、广东省优稀水果产业技术体系首席专家、广东省预制菜产业联合研究院院长、广东省食品学会农产品加工分会主任。获全国先进工作者、国家“万人计划”科技创新领军人才、国务院政府特殊津贴专家、全国“三八”红旗手、科技部创新人才推进计划中青年科技创新领军人才、第十三届广东省丁颖科技奖等称号。从事农产品保鲜与加工研究工作20余年，主持国家“十二五”科技支撑计划等省部级以上科技项目30多项；获省级以上成果奖13项，其中省科技一等奖5项，获授权发明专利40项；参编著作5部；发表论文150多篇。

个人简介：

吴继军，研究员，现任广东省农业科学院蚕业与农产品加工研究所副所长，兼任全国果品加工标准化委员会贮藏加工技术委员会委员、广东省预制菜产业联合研究院副院长。主要研究领域为果蔬等农产品加工，食品科学与工程等。工作期间获科技成果奖励十余项，发表论文200多篇。主持编制了《广州市农产品加工业发展规划（2019—2025年）》。

一、广东预制菜产业链现状

预制菜产业链大致分为原料、加工和终端产品销售三个环节（图 1）。预制菜原材料主要包括农作物、畜禽水产和以农畜水产为原料加工的半成品原料。预制菜加工企业主要包括农牧水产原料生产企业、食品原料配送企业、传统速冻食品企业、预制菜肴加工企业、零售企业、餐饮企业等多类型企业。预制菜终端产品按市场销售渠道区分主要分为面向 B 端和面向 C 端的产品。B 端市场主要包括批发市场、农贸市场、机关团餐、连锁餐饮等。C 端市场主要包括连锁超市、电商平台、便利店等。

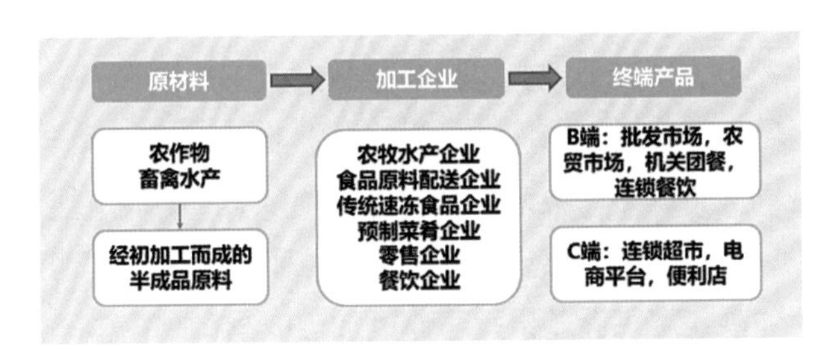

图 1　广东预制菜产业链组成情况

1. 预制菜原材料

从推动乡村振兴解决农产品出路角度出发，广东什么农产品原料加工预制菜最为迫切呢？根据广东 2021 年统计年鉴数据，分析 2020 年广东各类农产品的人均消费量估算农产品总需求量，将总需求量与广东本地粮食、蔬菜、畜禽、水产、蛋奶等产量对比，结果显示就广东本地农产品供求而言，水产品、果蔬原料供过于求现象比较明显，因此水产和果蔬迫切需要通过加工以减少原料浪费，而通过预制菜与餐饮行业对接是很好的出路。广东常住人口多，本地粮食、猪肉、禽类供不应求，蛋和奶的缺口更大（图 2）。

农产品	2020年人均消费量（kg）	总消费量（万吨）	广东产量（万吨）	缺口或富余（万吨）	缺口或富余比例（%）
粮食	128.21	1618.52	1267.56	-350.96	-21.7%
蔬菜及菜制品	113.01	1426.64	3706.85	2280.21	159.8%
猪肉	25.96	327.72	192.42	-135.30	-41.3%
禽类	31.12	392.86	195.27	-197.59	-50.3%
水产品	30.01	378.85	875.81	496.96	131.2%
蛋类及蛋制品	9.87	124.60	44.63	-79.97	-64.2%
奶及奶制品	9.59	121.06	15.1	-105.96	-87.5%
干鲜瓜果类	47.47	599.26	1756.16	1156.90	193.1%

图 2　广东预制菜原料消费与产量统计表
（备注：广东常住人口 12624 万人，数据来自 2021 广东统计年鉴）

针对预制菜主要原料水产、畜禽及广东供过于求的果蔬原料加工情况进行了初步的调研。

（1）预制菜水产原料。目前广东以现代农业产业园作为乡村振兴的重要抓手。广东目前共有288个省级产业园，其中水产类产业园有37个。广东海岸线长、水网密布，水产品总产量约875万吨，名列全国第一，其中淡水鱼和海水鱼品种的养殖产量均名列全国第一。广东省一些大宗水产原料如罗非鱼、鳗鱼、罗氏沼虾、海鲈鱼、鲮鱼等水产原料都开发了相应的预制菜。

（2）预制菜畜禽原料。广东畜禽类产业园有39个，品种较为丰富，主要包括生猪和家禽，牛羊类相对较少。广东也以畜禽原料开发了狮头鹅、豆豉鸡、盐焗鸡、猪脚饭等中餐预制菜产品，以及炸鸡类等西餐预制菜。

（3）预制菜果蔬原料。广东水果类产业园有47个，蔬菜类产业园有32个。广东果蔬类农业产业园数量最多，果蔬类产能过剩较多加工的需求很大，但目前与预制菜的融合相对较少，果蔬类预制菜产品主要是加工团餐配菜、鲜切果蔬、发酵蔬菜、蔬菜干等。从大食物观角度来看，果蔬可通过加工成饲料或饲料添加剂进行畜禽水产品养殖，进而加工预制菜。例如正大集团在湛江以菠萝副产物为原料加工饲料，然后饲养生猪，最后用养殖的菠萝猪加工成预制菜。

2. 预制菜终端产品

广东预制菜产业的终端产品类型从市场监管角度来看主要有两类：食品类和餐饮类。食品类包括水产制品、肉制品、速冻制品、罐头产品等；餐饮类主要包括中央厨房配送的食材和团餐。

3. 预制菜加工企业

广东预制菜产业发达，各种类型产品均有一些典型的代表和龙头企业。如配送净菜净肉等食材的广东乐禾食品公司和粤旺集团；加工冷冻调制食品的国联水产和恒兴食品公司；加工鲮鱼罐头的鹰金钱公司和甘竹公司，加工鱼虾类罐头的广东冠利达海洋食品公司；加工预包装菜肴的广州蒸烩煮食品有限公司、佛山品珍国际、广州海利来食品等公司；加工腊肠腊肉等传统干制肉制品的广州酒家等；以及从事团餐配送的广州和兴隆、深圳鼎和盛等公司。

二、预制菜产业发展趋势

2022年3月25日，广东省人民政府办公厅发布关于《加快推进广东预制菜产业高质量发展十条措施》，这些措施指导了预制菜产业的发展方向。

“广东预制菜十条”针对研发方面提出要建立广东省预制菜产业联合研发平台。2022 年 5 月，广东省农业科学院建成广东省预制菜产业联合研究院，联合研究院发起单位包括 11 家科研院所、41 家企业和 2 家协会。

“广东预制菜十条”提出构建预制菜质量安全监管规范体系，省市场监督管理局一方面开展预制菜食品安全监管，确保食品安全不留死角；另一方面打造符合湾区发展的标准和基础性标准。2022 年 10 月，广东率先全国立项制定预制菜五项基础性关键性地方标准，加快构建预制菜从田头到餐桌的标准。包括《预制菜术语及分类要求》《粤菜预制菜包装标识通用要求》《预制菜冷链配送规范》《预制菜感官评价规范》《预制菜产业园建设指南》等标准。

“广东预制菜十条”提出壮大预制菜产业集群。预制菜产业高质量发展主要依靠企业实体。广东省陆续成立了预制菜地方联盟，包括潮州、湛江、江门、佛山都成立了预制菜联盟。同时各地根据不同地方的特点因地制宜发展预制菜的产业集群，比如高要打造预制菜产业高地，佛山南海打造预制菜美食国际城，湛江建设水产美食之都，潮州建设预制菜世界美食之都，江门打造华侨预制菜集散地，茂名发展水产预制菜，广州市南沙以预制菜进出口贸易为重点方向。2022 年 5 月，广东公布现代农业产业园名单，11 家预制菜产业园入选，此外还有一些以预制菜为主要产品的产业园，比如湛江吴川烤鱼产业园、中山黄圃腊味产业园、罗定豆豉鸡产业园。2022 年 11 月，广东公布的现代农业产业园重点推荐入库名单中，有 4 家预制菜产业园。此外目前有一批预制菜加工园区正在进行建设招商，包括肇庆高要、湛江遂溪、湛江吴川、珠海斗门、佛山顺德、佛山南海等地和广州白云产业投资集团、广州融通公司等公司。

三、广东省预制菜产业的技术瓶颈

预制菜市场前景广阔，目前已形成了相对稳定的市场格局。预制菜要抢占传统餐饮和交易市场的市场份额，最重要要以科技引领广东预制菜发展，提供更多符合市场需求的产品，提供更多更丰富、还原度高的预制菜产品，引入更多的企业来发展预制菜，吸引更多的消费者食用预制菜产品。

但目前预制菜产业面临着一些技术瓶颈制约产业发展：一是预制菜容易在加工过程中出现“色、香、味、形、营养”等品质劣变的问题。预制菜相对于传统烹饪模式而言，需要增加原料、半成品和成品反复冷冻解冻的过程，有些增加了反复加热冷却的过程，这些都会导致预制菜品质下降。二是预制菜加工缺乏智能化前处理装备和智能化加工及包装装备，导致生产效率不高。三是营养健康型预制菜品和团餐的品种和样式单调，不能完全满足消费者多元化的需求。四是副产物的综合利用程度不高，造成资源浪费和环保压力。

四、广东省预制菜技术发展趋势

针对以上产业技术瓶颈问题，建议可在以下重点领域开展研究攻关：一是预制菜品质数据化。针对广东特色农产品原料特性、加工特性以及传统菜品进行分析研究，建立预制菜原料和菜品数据库。二是预制菜加工标准化。建立预制菜营养品质量化评价模型，构建其原辅料标准、加工工艺标准、成品营养与味觉指纹图谱品质标准体系，建立特征风味数据库，突破预制菜品质保持和标准化加工关键技术，实现从“手工经验”向“标准化”跨越。三是预制菜生产智能化。集成应用生物、工程、信息等技术，建立以整体加工利用为核心的绿色化、智能化和高度集成化预制菜加工成套技术和装备。发展行业紧缺的鱼虾的前处理、去刺等前处理装备，电磁场辅助冷冻解冻，超高压处理、电子束处理等非热加工装备以及智能包装装备。四是预制菜营养健康化、个性化。针对不同人群设计不同的营养菜谱，例如针对中小学生群体，老年群体、“三高”人群等特点设计营养健康、个性化的预制菜品。五是副产物利用高值化。预制菜工业化加工提供了大规模收集副产物的条件，开展预制菜高值化加工利用技术研究，可提升产业链附加值，减少环境污染。例如水产加工的副产物较多，可以利用水产副产物中氨基酸、多肽等功能成分开发调味品、护肤品等产品，将副产物变废为宝。

李汴生：
论预制菜的特点和加工关键技术

个人简介：

李汴生，华南理工大学食品科学与工程学院教授、食品加工与安全研究所所长、广东省食品学会理事长、全国学校食品安全与营养健康工作组专家、广东省食品安全委员会专家。主要从事食品加工与保藏、食品加工安全控制方面的研究和教学。

一、预制菜加工的特点

在人类的历史上，人类学会用火来加工食品，对人类的进化起了莫大的贡献。食品原料经过加工才能够成为人类的食品，这是人类区别于其他动物的重要一点。加工可以提高食品的安全性、可口性和营养消化性。

食品最常见的加工方式就是热加工，而烹饪又是最常见的热加工方式；烹饪使人类膳食的安全性大为提高，而且由此发展出的烹饪技艺成为人类文化的重要组成部分。

菜肴是人类膳食中对烹饪技艺要求最高的一类食品，也是食品原料品种变化最多的一类食品。虽然在人类的膳食中，它只属于辅食，但它丰富了膳食的营养性和可口性，成为人类膳食中不可或缺的部分。

传统的菜肴大多是即烹即食，而预制菜则是预制加工后，经过贮藏、运输、销售甚至复热加工后才食用的，因此，预制菜和传统菜肴加工中的最大不同在于预制菜需要解决菜肴的贮藏性问题，以及由此而带来的菜肴的安全性、可口性和营养性等方面的变化。

目前所讲的预制菜涵盖的范畴较大，从预制程度上看，包括了不同预制程度的菜品。预制菜有些经过烹饪，有些没有经过烹饪，还有一些经过部分烹饪。但不论哪种，都必须解决预制菜肴的贮藏性问题。

预制菜的出现主要是为了解决人们食用菜肴的方便性，从而将大多数人从厨房的日常烹饪中解放出来。因此，预制菜的食用方便性应该作为预制菜加工中必须考虑的一个重要特性。

传统菜肴的加工因食品原料不同、消费者饮食习惯不同和烹饪技法不同而使菜肴产品在感官上体现出很大的差异，这也赋予菜肴具有民族和地方特色，使得人类膳食在品种上丰富多彩，体现出饮食文化的特质。菜肴的工业化加工可能会削弱这些特征，它会将某类菜肴的加工技艺尽量规范和统一，从而模糊菜肴的个性特色。因此，预制菜能否以及如何照顾到消费者个体要求的差异也是未来发展值得考虑的问题。

二、烹饪加工的本质

加热烹饪可以有效地杀灭食品原料中的致病菌和腐败菌，并破坏食品中导致食品品质劣化的酶类，同时还具有使食品熟化（淀粉糊化、蛋白质变性等）的作用，提高人类对这些营养成分的消化吸收。

烹饪的杀菌效果与食品原料的微生物污染情况有关，也与热加工程度有关。热杀菌理论中对杀菌程度主要有巴氏杀菌和商业杀菌之分，前者主要是为了杀灭致病菌（非耐热菌），后者可杀灭腐败菌（包括耐热芽孢菌），我们平时在市场上见到的巴氏杀菌奶和 UHT（超高温瞬时灭菌）奶就是分别达到这两种杀菌程度的液态鲜乳制品。

烹饪加工的热处理程度一般必须达到巴氏杀菌（大约相当将食品煮熟）的效果，也就是说它能够杀灭食品原料中致病菌，从而保障烹饪食品的安全，但是它远没有达到商业杀菌的程度，因此产品的贮藏性较低。

烹饪可以赋予菜肴（食品）特别的感官品质，使得我们的膳食变得更加丰富多彩，增加人们的食用欲望和乐趣；同时，丰富的菜肴种类也是人类膳食营养均衡的重要保障。如何选用食材、如何调配口味、如何恰当地烹饪是烹饪技艺主要考虑的问题。

三、预制菜的贮藏性

食品的贮藏性反映食品在贮藏期间品质的稳定性。影响食品贮藏性的因素主要是微生物和生化反应。要提高食品的贮藏性，就必须控制食品中的微生物和导致生化反应进行的一些因素（如酶和氧气等）。

加热烹饪具有一定的杀菌和钝酶作用，因此烹饪后的菜肴也具有一定的保藏性。但由于烹饪的杀菌程度较低，烹饪后的菜肴容易受到微生物的二次污染，烹饪后的菜肴保质期一般很短，放了段时间的“剩菜”，其安全和品质均会降低。对于没有经过加热烹饪处理的预制菜（如色拉菜、鱼生），则需要采用其他方法来控制原料中的致病菌等微生物。

常见的食品保藏方法有冷冻保藏、干燥保藏和加热（杀菌）保藏，此外还有化学保藏、辐照保藏和非热处理保藏（如超高压、高压脉冲电场）等。这些食品保藏方法可用有效地杀灭和控制微生物以及控制生化反应，从而保障食品的品质在贮藏期内达到要求。

预制菜的贮藏方法主要有冷藏（冷却贮藏）、冻藏（冻结贮藏）、保温贮藏（热链贮藏）和常温贮藏。对于一些烹饪程度较低，特别是烹饪后冷食的预制菜，冷藏（-2—4 ℃）是保持其感官品质的较合适方法；如果需要热食，食用前则需要适当地复热。为保障预制菜在冷藏的品质，人们必须研究预制菜在冷藏过程中的品质（微生物、理化成分和感官性状）变化规律，了解其变化动力学，测试其保质期，以保证食用时的安全性。这种贮藏方法的贮藏期较短（几小时至几天）。

冻藏是使预制菜的温度保持在≤ -18 ℃的贮藏，由于贮存温度低，能有效地控制贮藏过程中微生物的生长，从而达到较长保质期（几十天至几百天）。但这种方法中的冻结、冻藏和解冻（复热）过程中冰结晶的形成、长大和融化会对预制菜中食品的组织结构产生一定的影响，使得预制菜的口感很难达到冻结前菜肴的水平。虽然这种方法的加工、贮运和消费过程中耗能偏大，但由于其保质期长，且食用前的复热具有最后的保障食品安全的作用，加之我国冷库及冷链建设已较完善，冻藏成为目前预制菜贮藏的主要方法。但研究和改善冻结、冻藏（冷冻链）和解冻（复热）对预制菜品质的影响，尤其是冻藏过程中预制菜品质变化的有效控制技术，是此类预制菜需要解决的关键问题。

食品的保温（热链）贮藏是预制菜的贮藏方式之一，它是将烹饪后预制菜保持在≥ 65℃的温度下进行贮藏并直至食用。此法可以防止贮藏过程中微生物的滋长，并使消费者吃上热的菜肴。但菜肴在此温度下的感官和营养品质会较快劣化，一般只适合预制菜的短时间（≤3 h）贮藏。研究保温过程中菜肴品质（感官和营养）的变化和控制是此类预制菜需要解决的关键问题。

采用类似罐头食品的后杀菌处理，可以使预制菜达到商业无菌的程度，杀菌后的预制菜产品能在常温下长时间贮藏（数月至数年）。这种方法的热加工程度较高，比较适合烹饪中需要长时间烹煮的菜肴。为了减少加工中的能耗，可将烹饪阶段的部分热处理（程度）转移到热杀菌阶段完成，也就是说可将烹饪的部分熟化作用通过杀菌完成。研究热杀菌对预制菜中微生物和安全性、预制菜感官和理化品质的影响，可以更好地控制加工产品的质量。消费者往往会对此类具有长保质期的产品有误解，认为这些产品可能添加了大量的食品防腐剂，实际上热杀菌（包括一些新型的非热杀菌）大多是采用物理方法控制微生物，大多不需要添加食品防腐剂；杀菌后的食品处在相对无菌的密封状态，食品被“休眠”，贮藏过程中食品的品质变化非常小。

四、预制菜的安全性

现代食品科学的研究告诉我们，供人直接食用的（即食）食品必须严格控制其致病菌的污染，对此国家有专门的食品安全标准（GB 29921-2021 《食品安全国家标准预包装食品中致病菌限量》）提供指引，虽然目前还没有针对预制菜的致病菌限量要求，但可以参照相关食品的要求执行。

传统烹饪的热加工程度一般体现为煮熟食品，该热加工程度可以有效地杀灭食品原料带来的致病菌，使食品达到食用安全水平。但烹饪热处理程度不足（未全熟）的食品和未经加热烹饪的生食食品需要特别注意其致病菌的控制。

烹饪加工对食品原料中的其他不安全因素也可以实现一定程度的控制，如通过清洗、去皮和加热等可以减少食品原料带来的化学药物残留，通过加热烹饪也可以使食品原料中的一些抗营养因子破坏。但我们必须明白，烹饪并非解决食品安全的万能方法，高品质的预制菜产品需要来自优质的食品原料（农产品）。

采用合理的包装可以对预制菜产品的品质进行有效保护，预包装可见防止或减少预制菜产品在贮运过程中受到二次污染，也方便了预制菜的贮运和食用。预制菜的包装材料必须采用符合食品包装相关的安全要求，对于需要复热的产品还要特别关注复热过程包装材料安全性的变化。

预制菜加工中使用的食品原辅料（包括食品添加剂）应符合相关的食品安全法规和标准要求（GB 2760、GB 2761、GB 2762、GB 2763 等）。值得注意的是，传统烹饪（尤其是在地方菜）中使用的个别原辅料可能不一定在允许食用的食品原辅料名单中。

五、预制菜的可口性

说到预制菜的口感，优秀的烹饪大师可能更有经验。他们在口味的调配、烹饪火候的把握和产品外形的塑造等方面都非常有经验。

预制菜的工业化生产必须对优秀的烹饪技艺进行总结归纳，形成统一的、可复制和可规模化生产的加工技术。传统的烹饪大多以经验进行控制，工业化烹饪必须将烹饪的技艺进行数字化（量化），例如，烹饪过程的温度控制可以用温度曲线描述，烹饪过程中菜肴的色、香、味和质地的变化规律可以用数学方程描述，微生物变化也可以通过微生物检测数据反映，食品烹饪的程度可以通过烹饪值（C值）反映；传统烹饪中不太清楚的杀菌程度也可以按照现代杀菌技术测定其杀菌值（F值）。有了这些变化规律（反应动力学方程），可以实现烹饪加工的数字化转型，实现更加精准地控制预制菜烹饪过程。

食品科学中关于风味化学的科学研究如何更好地和烹饪加工结合，更加深入地了解和掌握烹饪加工中菜肴风味变化和形成的规律，有助于提高预制菜的加工水准。

此外，关于预制菜的营养性，我们以前的研究偏重食品原料的营养成分及其膳食搭配要求，关于烹饪（尤其是中式烹饪）对食品营养成分影响的研究很少，至于菜肴的组合烹饪带来的营养变化及其食用生物利用率方面的研究更是缺乏；我国传统的食物养生学说也值得我们深入挖掘。

陈 佩：
预制菜可持续发展的相关技术

个人简介：

陈佩，博士、副教授、硕士生导师，广东省“千百十人才培养工程”培养对象，广东省企业科技特派员，广东省农业科技特派员。2010 年毕业于华南理工大学轻工技术与工程（淀粉资源科学与工程）专业，获博士学位。现在华南农业大学食品学院食品科学与工程系从事食品加工、农产品加工与贮藏方面的教学和科研工作。主持国家自然科学基金、中国博士后基金、广东省自然科学基金、惠州市科技计划项目、华南农业大学校长基金、广东省天然产物绿色加工与产品安全重点实验室开放基金等及企业项目多项。主要参加国家自然科学基金、广东省自然科学基金等三十多项。发表论文 60 多篇，其中以第一作者或通讯作者身份发表 SCI 论文 20 多篇，EI 收录论文 5 篇。参编《饮料工艺学》，获得专利 6 项，获 2017 年上海市科技进步二等奖 1 项，第十届挑战杯全国大学生课外学术竞赛二等奖 1 项。

根据《2021—2022 中国预制菜行业发展报告》报道，2021 年，我国的预制菜市场规模超过 3000 亿元，预计到 2025 年达到万亿元规模，而广东是全国预制菜产业发展指数“第一省”，其产业指数达到 79.24，这归因于广东对预制菜的扶持力度较大，启动“双节”营销工作，致力打造广东预制菜高地，助推广东预制菜走向世界。目前，广东预制菜正处于风口，全国多地政策加持，加之广受餐饮行业和资本的青睐，消费者的认可度不断提高，预制菜在中国还有巨大的上升空间。预制菜赛道正火热，各大企业都想抢占这一杯羹，但预制菜的营养、安全、创新发展等仍然是主流问题。因此，本文分别从主食类、包装技术、杀菌技术、速冻技术、抗菌物质纳米缓释技术、营养物质纳米缓释技术、预制油炸食品裹粉技术等方面进行阐述，旨在探究利于预制菜可持续发展的新方向。

一、主食类

随着工作节奏的加快、生活水平的提高及消费观念的不断转变，便于携带、食用方便、安全健康的方便食品越来越受到消费者青睐。市场上的方便食品种类繁多，给人们生活带来很多便捷。就方便主食而言，包括方便面、方便米线、方便米饭等。米饭是我国大多数人民喜爱的主食，方便米饭是继方便面之后出现的又一种主食类方便食品，既符合人们的饮食习惯，又满足人们快节奏的生活需要。目前常见的方便米饭主要有：罐头米饭、脱水米饭、冷冻米饭和蒸煮袋米饭等几大类。其中尤以脱水米饭食用最为方便、快捷，食用时用少量开水浸泡，短时内即可吸水膨松，达到食用要求。因此需要深入发展常温方便主食产品，开发即食米饭、米粉等新产品和相关技术，解决现有方便食品营养不均衡等结构性问题。为了满足人们对营养和风味的要求，我们一直致力于方便米饭、米线等品质的提高，同时也研究开发了紫米方便米饭、紫米米线等特色食品。改善方便米饭、米粉生产工艺对方便米饭的成本和食用品质的较大影响，可通过生产工艺的改善从而改善方便米饭的口感、营养等品质。通过技术手段（冷冻干燥，多种干燥方式复合使用或进行多次干燥，并探索其具体结合方式及工艺参数；螺杆挤压生产中对品质影响显著的参数进行合理优化）延缓贮藏过程中的淀粉老化，改善米饭的硬度、黏性等质构品质和感官品质。

二、包装技术

1. 真空包装技术

真空包装是食品的主流保藏方式之一，主要通过降低含氧量来延缓需氧微生物的生长，减少脂肪、蛋白质的氧化，从而保持食品原有品质，延长货架期。真空包装具有密封性好、高防护性、低水分损耗等优点，并

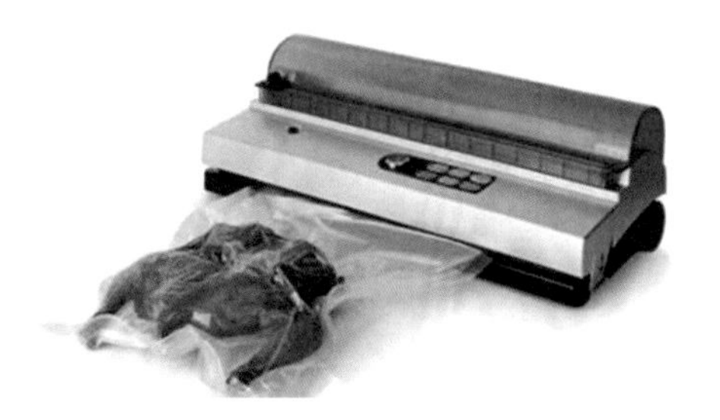

小型真空包装机

且能阻挡易挥发性成分气味的散发。食品在真空包装后需进行杀菌处理，以达到杀灭食品中微生物的目的。目前预制菜的包装大多采用真空包装方式，成本低又能保证食品的安全和质量，但预制菜品类繁多，对于菜品中新鲜果蔬的包装方式还有待进一步的研究，比如短波紫外线照射和真空包装结合等。

2. 气调包装保鲜技术

气调包装保鲜技术是一种优良的延缓食品腐败变质的保鲜手段。它用有一定气体阻隔性能的材料对物品进行包装后抽出一部分气体，然后将可以延缓食品腐败的气体与包装内的气体进行置换，这些气体主要是氮气和二氧化碳等气体。考虑到环境污染和成本问题，一般利用这些气体以不同比例进行混合，再将混合气体导入，这可以通过控制有氧或无氧以抑制腐败微生物的生长。通常将这些气体进行一定比例的混合后进行气调，以达到气调保鲜的目的。气调包装技术可协同其他包装技术或杀菌技术对预制调理食品进行处理，从而达到更好的保鲜效果。

3. 臭氧保鲜

臭氧保鲜技术是利用一定浓度臭氧的强氧化性破坏病原菌细胞膜或细胞壁，减少微生物对食品的侵害，同时氧化乙烯，降低乙烯对食用菌的催熟作用，达到保质保鲜的目的。臭氧保鲜是一种零残留、高活性、高渗透的保鲜技术，同时成本低、易操作、效果好。将臭氧保鲜技术应用于食用菌采后保鲜，合适的臭氧浓度能较好地提高菇体贮藏期。

4. 可食性膜保鲜技术

可食性膜是以天然高分子物质（蛋白质和多糖、脂类）或其复合物为主要成膜基质，加入某些食品添加剂、表面活性剂，通过浸渍、喷洒、包裹、涂布等形式，使分子间相互作用形成均匀网络结构覆盖于食物表面，用于阻碍气体、水分和微生物等对食品中的脂质氧化不利的影响，从而延长食品保质期的薄膜或涂层。可食性膜利用高分子材料的分子之间的作用力成膜，增强了抗氧化能力。将其覆盖在食物表面可以起到保鲜、防腐、方便贮藏的目的，可食性膜相较于塑料膜更加安全绿色。

5. 纳米保鲜技术

纳米保鲜技术是食用纳米包装材料、纳米保鲜剂等对食品进行保鲜处理的方法。例如果蔬包装，确保果蔬在存储过程中的色泽明亮、较好的口感并达到防腐的作用。纳米技术是 21 世纪的重要发现成果，其应用领域相当广泛。通过对食品包装材料进行纳米合成、纳米添加、纳米改性，具备纳米结构、尺度、功能的包装新物性，广泛应用到食品包装上，确保了食品品质的安全。无论是肉类、果蔬还是菌菇类的包装，将纳米保鲜技术应用到其包装上，不仅可以使原材料保持原汁原味，而且应用市场广阔。

但缺点就是成本略高，如何使得高效便捷和低成本挂靠，这也是预制菜行业的一大研究热点。

6. 信息化包装技术

信息化包装技术是新型的、现代化的智能包装技术，是将智能化仪器（如时间、温度指示器）安置于食品包装中的一种技术。这不仅可以作为生产商和零售商的检测工具，对临近保质期的食品给予销售或销毁的决定，而且可以系统化地、持续性地观测到货架期的长短。目前，信息化包装在国外已有相当的发展，如法国等。这种信息化包装技术值得在我国食品加工业中推广和投入使用，尤其是预制菜行业，其保质期长短跟菜品的风味有密切关系。

7. 等离子体保鲜技术

食品包装内产生的非热等离子体放电，称为包装内等离子体，利用其保鲜是一种非常有前景的方法。目前大多数的食品包装内等离子体是由高压电力驱动的，当气体被激发到一定程度，气体分解产生自由电子、自由基、具有电磁辐射量子的离子和处于激发能态的高密度中性分子时，即为该物质的等离子体状态。包装内等离子技术对细菌和孢子的灭菌效果较好，对食品质量和不利影响有限。包装内等离子体是一种独特的方法，可产生非热等离子体并收集由此产生的物理化学反应物质，也称为封闭或密封排放，无论是来自大气或压缩气瓶均无须任何额外的气体入口。包装内等离子体技术可用于确保微生物安全、保持营养质量并防止食品交叉污染。

作为一种新兴技术，包装内等离子体因其固有的特性和高效性，可作为预制菜可持续发展的新方向，持续应用于食品包装。通常，杀菌分子会快速生成并存在于包装中，从而阻碍脂质氧化和腐败微生物的生长活动。然而，包装内等离子体的研究仍处于起步阶段，未来的研究需要解决技术和非技术方面的问题，以推进和建立食品的包装内等离子体加工。

三、杀菌技术

原料采集、加工等过程中存在的微生物污染问题是威胁食品安全的重要因素，因此杀菌处理是预制菜行业发展中一项必不可少的工序。通过杀菌可以保证食品免受虫害及微生物的危害。

热力杀菌是罐头食品最主要的杀菌方式，一般根据产品类型、包装情况及贮藏运输条件及贮藏期限，选择适当的杀菌温度、杀菌时间。热杀菌过程必须进行精确计算，

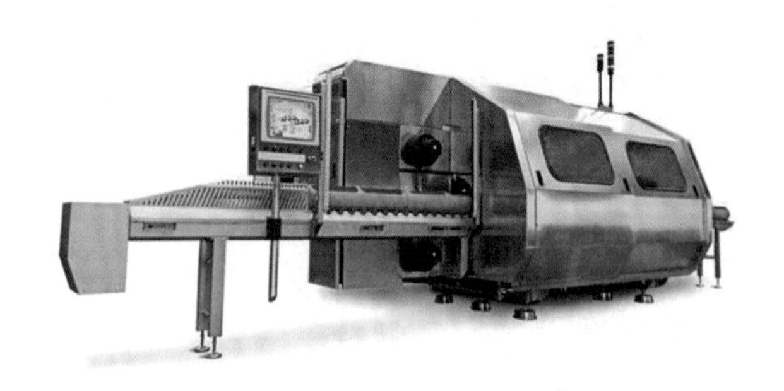

超高压杀菌设备

使该过程中产品中心达到指定杀菌温度，以杀灭微生物，确保灭菌食品的安全达标。热杀菌能够杀死微生物、钝化酶（主要是过氧化物酶、抗坏血酸酶等），破坏食品中不需要或有害的成分或因子，如大豆中的胰蛋白酶抑制因子；提高食品中营养成分的利用率和可消化性等。但同时会有一些负面作用，如食品中某些营养成分，特别是热敏性成分有一定损失；对产品的色泽和口感等品质产生不良的变化。

由于人们生活水平的不断提高，其对食品质量的要求也不断提高，除了确保微生物的品质，同时也要大幅度保留食品原先所有的营养度、颜色、品质结构以及新鲜度等。由于冷杀菌技术在灭菌的过程中，食物的温度不会升高太多或不会升高，一定程度上保留了食品功能成分原有的活性，同时也保留了食物的颜色、香味、风味和营养度，因此，这项杀菌技术得到了很大的重视和推广。而最近几年，我国和国外又研制出了许多新式的冷杀菌技术，例如：超高压杀菌、紫外杀菌、脉冲强光杀菌、高压电场技术杀菌、电磁杀菌技术等。尤其是高压电场技术杀菌效果显著，超高压技术是指在密闭容器内用水或其他液体作为传压介质，对软包装食品物料施加100M—1000M Pa压力，利用高压破坏细胞膜、抑制酶活性和阻碍遗传物质的复制对微生物产生致死作用的原理，在食品成分分子之间形成或阻碍非共价键的形成，使食品中酶、蛋白质、淀粉等失活、变性和糊化，从而达到保鲜目的。杀菌时间短、能耗低、无污染、无辐射作用，且能最大限度地保持食品原有的营养成分和感官性状，为热杀菌提供了商业可行的替代方案，具有广阔的工业化应用前景。但超高压杀菌对于设备的要求较高，对容器和密封结构的材料均有特殊的要求，为了适应实际生产应用，研发更多装置轻便、拆装方便、操作简单的超高压杀菌设备同样是预制菜行业的重要研究课题。

四、速冻技术

如何还原预制菜菜品的口味：在工艺上，预制菜生产时，要通过特定的生产工艺保留鲜度来维护产品的口感和风味，同时保留 95％以上的营养元素，为此就需要依靠速冻技术。目前高新的速冻技术主要有：液氮速冻技术（包括液氮浸渍式冻结、液氮喷淋式冻结和液氮冷气循环式冻结等），液体 CO_2 速冻技术，物理场辅助冻结技术（包括高压冻结技术、微波辅助冻结技术、射频辅助冻结技术、超声波辅助冻结技术等），冲击式速冻技术，不冻液速冻技术，其他速冻技术（主要指通过改变食品本身的特性，如添加抗冻蛋白或冰核蛋白以实现速冻）。预制菜行业由于受原材料价格波动影响加大，短期内原材料成本变动将影响行业利润水平，因此急需研发符合生产要求、易控制操作的低成本冻结设备，联合使用多项技术，扩大技术应用范围，提高预制食品复热后的品质和风味。

例如液氮冷冻技术能实现速冻，液氮是一种无色、无味、低黏度，无腐蚀性，化学性质稳定的液体，同时也是一种化学制冷剂，因其与产品间存在巨大温差，可释放出极大的冷冻强度，达到快速冻结产品的目的。由于冻结时间短，生成的冰晶细小而均匀，并且细胞内外同时形成均匀细小的冰结晶，使细胞组织不受破坏，因而解冻后食品能最大限度地恢复到原本的新鲜状态和营养成分。因此，随着液氮冷冻技术和冷链物流基础设施的逐渐完善，可以让预制菜企业最大程度还原预制菜菜品的口味。在肉制品液氮冷冻加工过程中，需控制合理的冷冻速率以确保肉制品的品质，同时考虑必要性和成本。

液氮速冻设备

五、营养物质纳米缓释技术

辣椒素、姜黄素等生物活性成分，存在刺激性大、首过效应强、半衰期短、水溶性差等缺点，使得辣椒素、姜黄素等在应用方面有很大的局限性。团队采用酶解回生法等制备淀粉纳米颗粒，并利用淀粉纳米颗粒作为辣椒素等功能物质的递送载体，延长了活性物质的作用时间，延缓释放速度，达到缓释的效果。

六、预制油炸食品裹粉技术

油炸食品最关键的特性是酥脆性，其主要取决于表面裹粉油炸后的松脆口感，一般要求其内芯柔嫩多汁、表皮酥脆，即内芯水分含量高于外裹层。传统裹粉是由面粉、淀粉、小苏打、鸡蛋、水等混合而成，呈黏稠状，可裹在肉类或蔬菜类表面进行油炸等的一种预配粉，其可用于油炸类食品表面作为保护性裹涂层，如炸鱼、炸虾、炸鸡、咕噜肉等。预油炸食品须经二次加工后方可食用，但二次加工后出现的产品脆度、吸油率、色泽不理想等问题会使得预油炸食品的可接受性大打折扣。目前预制油炸食品亟待解决的问题包括二次油炸时产品酥脆度降低、含油量升高、色泽不理想，例如冷冻预油炸食品微波加热后，水分外逸的现象会使被加热食品表面"浸湿"而软化，破坏了预油炸食品外壳的松脆口感，从而影响消费者的食用体验。团队以预油炸食品的裹涂层为研究对象，探索新型裹粉配方，优化预制油炸食品制备工艺，降低预制油炸食品的油脂含量，提高了预油炸食品品质和安全性。

裹粉是油炸食品加工时使用的专用粉，油炸食品因其具有特殊的油炸风味、金黄的色泽、酥脆的口感而深受消费者喜爱，但油炸食品普遍存在含油量较高的问题，与人们追求健康、安全的饮食方式相悖。因此如何为消费者提供低脂、安全、美味、食用方便的预制油炸食品，是预制菜行业和科技工作者面临的一个重要课题。国内的一些研究表明，裹粉里添加变性淀粉如辛烯基琥珀酸淀粉酯与玉米醇溶蛋白复合物有利于形成外酥里嫩的口感；此外，也有研究表明，在原材料表面先裹涂一层蛋白膜再裹粉，有利于提高炸制品的脆性。在国外，如日本天妇罗粉一般由水、低筋小麦粉、淀粉、蛋黄粉、酵母粉等健康原料组成，日本非常注重突出原料本身的风味，炸制品挂糊很薄乃至可以看见被包裹的原料，对油炸用油的选择也十分讲究，一般选用色拉油或与芝麻油的混合油，面衣很薄吸油少，高油温使面衣中的水分快速蒸发，形成脆壳，而内部的原料则呈现原料本身的质地，湿润又鲜美。

炸制品作为全民皆欢的食品之一，预制菜行业在提高预油炸食品品质和安全性方面的研究还有很大的空间，如何实现吃得安心、吃得健康仍重任在肩。

成军虎：生鲜预制食品等离子杀菌保鲜关键技术及应用

个人简介：

成军虎，华南理工大学食品科学与工程学院副教授，博士生导师，科睿唯安农业科学领域“全球高被引科学家”，*Frontiers in Nutrition* 副主编。主要研究方向包括：多物理场食品绿色加工与保鲜理论与技术；食品品质大数据挖掘与智能监控理论与技术。

一、低温等离子体对预制菜中食源性致病微生物的杀菌机制及技术开发

等离子体（plasma）又叫做电浆，是由部分电子被剥夺后的原子及原子团被电离后产生的正负离子组成的离子化气体状物质，尺度大于德拜长度的宏观电中性电离气体。它广泛存在于宇宙中，常被视为是除去固、液、气外，物质存在的第四态。等离子体保鲜技术是食品从传统的热加工向非热加工变化的一种新途径，最大程度上可以保证产品的色泽、质构和营养成分。这项技术主要应用对象是在生鲜食品，尤其是包装食品上有独特的优势，以及应用于一些热敏食品，这对防控预制菜食品安全问题提供了新型的技术。针对食源性致病微生物杀菌机制及技术开发方面的研究较多，因为低温等离子体技术在食品领域运用最先就是做杀菌保鲜（图 1）。

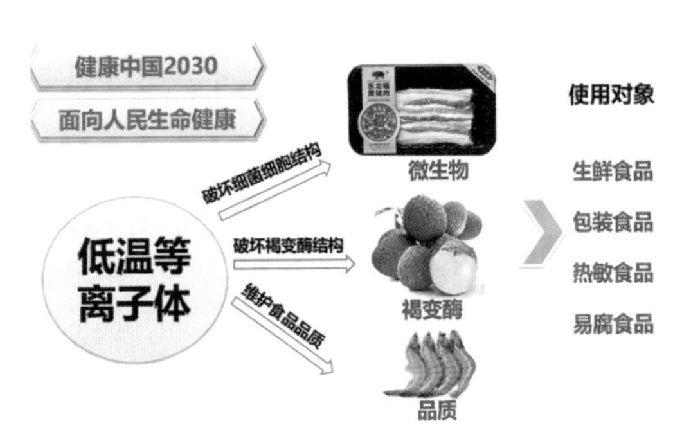

图 1　低温等离子体在食品上的应用

现阶段对于预制菜食源性致病微生物杀菌的研究仍然存在一些问题：

（1）如何实现在短时内快速杀菌？利用低温等离子体技术灭活细菌细胞靶点、细

胞膜氧化损伤以达到快速杀菌的效果，但低温等离子技术产生的活性氧和活性氮有多种，微生物杀死的机理是什么？实际上，对食物进行杀菌优先作用于细胞，因此针对细胞方面进行研究，发现低温等离子技术的活性氧作用于这个细胞之后，破坏这个细胞膜，磷脂双分子层和膜上的蛋白，然后穿透这个细胞之后进到膜内，以及破坏胞内一些重要的大分子，比如遗传物质、重要的蛋白质和氧化代谢的平衡，最终，对微生物灭活。

（2）如何解决杀菌过程产生的抗性？对于微生物而言，任何一种技术在杀灭的过程中都会诱导微生物产生抗性，比如人类在空调条件下，皮肤会产生一种应答以达到保温效果，而微生物在灭活过程中也是一样的会产生类似应答现象。在杀菌过程中，要想把它彻底灭活，就要探明产生的抗性在氧化过程的机制是怎样的。而组学联合分析技术则是通过细胞响应到通路，比如通过其转录组看基因调控机制；通过靶向的代谢组探索微生物的代谢物响应机制；通过蛋白组探究微生物的蛋白响应机制，进而构建了“基因—蛋白质—代谢物—酶”互作网络关系，最后，通过研究其互作网络关系，为抗性微生物的精准灭活提供了重要方法。

为促进低温等离子体技术的应用与产业化发展，华南理工大学食品科学与工程学院等离子体研究团队，开发了低温等离子体冷杀菌技术及装备精准灭活抗性微生物（图2），同时在水产品、鸡蛋、水果领域做了较多应用，如针对整条鱼或鱼片等水产品、鸡蛋和浆果类水果等几大类食品杀菌保鲜均起到了明显的保鲜杀菌效果。另外，也研发了等离子保鲜盒，更加便于消费者居家保鲜食品。

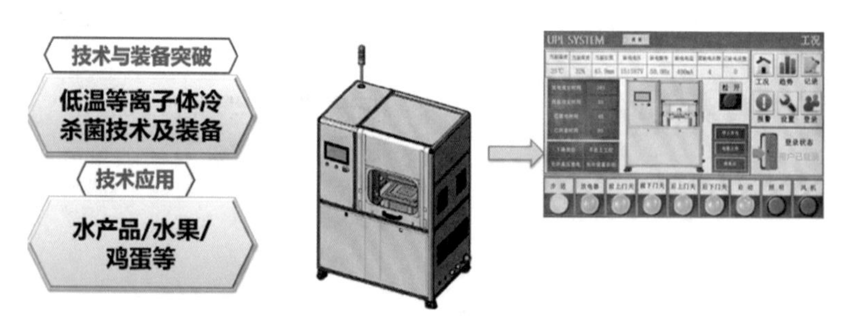

图2　低温等离子体冷杀菌装备

二、等离子体对预制菜食品内源酶钝化分子机制及技术开发

预制菜的制作和营养搭配无法缺少水果的成分，但大部分水果的保质期并不长，极易氧化、腐烂等，因此针对像荔枝、苹果原汁等容易褐变的食物，存在如何高效即

时钝酶问题。目前经过研究实施有效的方法有两种：第一，通过修饰褐变酶的结构，比如其二级结构可以发生明显的变化。第二，通过低温等离子技术破坏酶的活性中心（过氧化物酶 POD）血红素卟啉环可以遭到破坏，两种方法已达到高效即时钝酶的效果。对采摘下来的荔枝进行即时的处理，对比未处理的荔枝可知，等离子体保鲜技术能够很好地保鲜荔枝延缓褐变。针对苹果原汁防褐变的保鲜，研究预处理后 0 小时、预处理后 24 小时和预处理后 48 小时的褐变，发现保鲜效果还是很明显的（图 3）。

进一步，针对如何对除水果外的预制菜食物进行钝酶处理，我们设计开发了相关的装备，如低温等离子体新型在线保鲜装备。通过“电—磁—气”快捷保鲜装备（图 4），将包装技术和等离子体技术结合在一起，形成一条生产线，这些应用对于生鲜预制食品保鲜和生产的应用至关重要，可以实现短距离的销售。

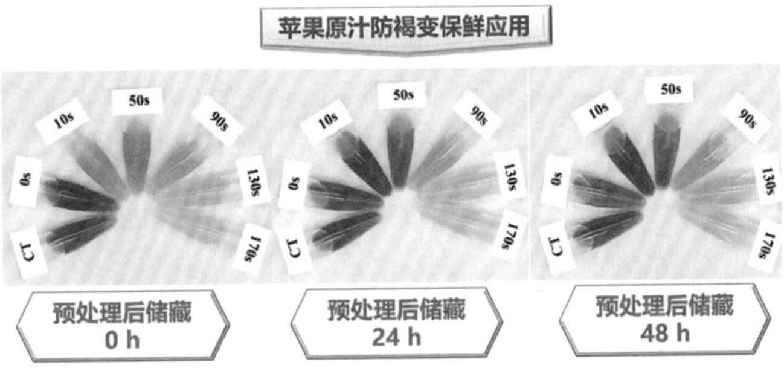

图 3　低温等离子体对苹果汁的保鲜

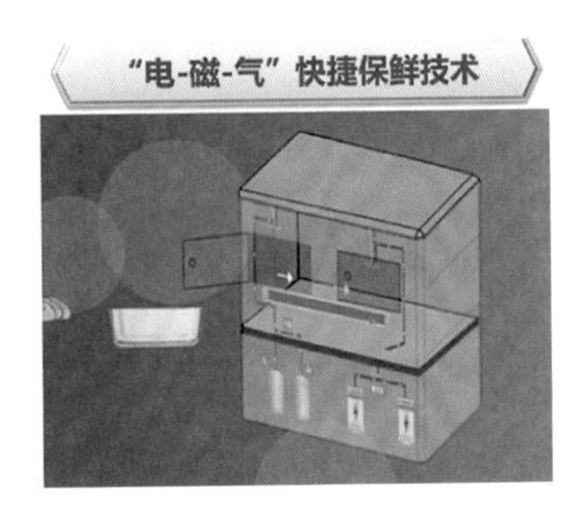

图 4　“电—磁—气”快捷保鲜装备

三、展望

预制菜行业正如一场徐徐开启的盛宴，是顺应“新消费”的潮流，探明食源性致病微生物的杀菌机制和食品内源酶钝化分子机制，开发预制生鲜食品的杀菌、抑菌保鲜技术为有效保障预制菜原料的食品安全提供建议。预制菜的发展解决加工技术难题，加强预制菜原料的食物安全和质量问题的监管，实现生鲜预制食品保鲜和健康饮食是我们一直努力的目标！

曾新安：
食品智能制造与装备

个人简介：

曾新安，佛山科学技术学院副校长，国务院特殊津贴专家，国家“万人计划”领军人才，科技部“科技创新领军人才”，教育部“新世纪优秀人才”，任中国食品科技学会非热分会副理事长，中国食用菌协会专业咨询与规划委员会副主任，葡萄酒国家评酒委员，广东省食品智能制造重点实验室主任。发表 SCI 论文 230 多篇，被引超过 5000 次，H 指数 46，农业科学 ESI 全球高被引学者排名前 0.6‰，授权国际专利 3 件，国内发明专利 49 件，获省部级科技一等奖 5 项。

一、大数据智能制造推动预制食品产业迈向绿色化、高端化、智能化

1. 国内预制食品产业集中度不足

数据表明，美国预制食品 CR5（五个企业集中率）行业集中度达到 36%，日本为 11%，与之相比，中国预制食品的行业集中度远远不够（图 1）。目前佛山从事预制菜相关企业统计 206 家，年产值约为 200 亿元，除去少数年产值数亿元的头部企业，多数企业年产值在几百万元到两三千万元之间，远远达不到行业集中度的要求。

图 1　美国和日本预制食品 CR5 行业集中度

2. 预制食品发展趋势从手工小作坊生产向现代化智能生产转变

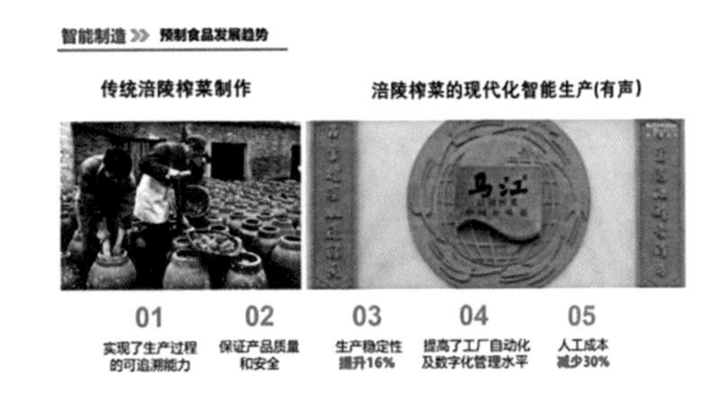

图 2　传统生产与现代化智能生产

2022 年，团队走访了 20 多家佛山市本土企业，调研发现只有为数不多的企业具有达到标准化、规范化、现代化的食品生产厂。很多企业虽然扩大了生产规模，但仅仅是场地的扩增、人手的增加，生产加工仍以手工操作为主（图 2）。

3. 预制食品智能制造的必要性

预制菜产业主要探讨的问题是餐饮业中如何实现产品制造的工业化。

手工作坊产品是依靠大师傅的经验和传承工艺为基础，以流水线的形式批量生产，过程简单，门槛较低。从业人员缺乏食品品质形成的理论认知，如食品的口感、风味形成机制，较难有效控制产品质量，产品难以实现在全流程过程中保持均一的品质的预期效果。

目前食品学科与餐饮业没有有机融合。餐饮主要以经验为主，而食品学科主要研究以分子层面为主的食品科学，比如分子生物学、代谢和营养。将食品学科和餐饮紧密结合，实现食品学科和其他学科的深度融合，是一个急需突破的难题。

预制食品的智能化操作不能仅靠食品专家或是机械专家。从事机械研究的人员缺乏食品专业知识，对食品质构不了解，欠缺食品韧性、口感、弹性等食品生产工艺数据，而从事食品研究人员可以将食品相关参数数据化，这一数据化转型升级过程是实现食品智能制造、现代化预制菜生产必不可少的因素。只有实现多学科交叉融合，预制菜产业才能发展得更快、更好（图 3）。

国家有大量的政策支持预制菜产业的发展，包括重大的项目和科技支持（图 4）。

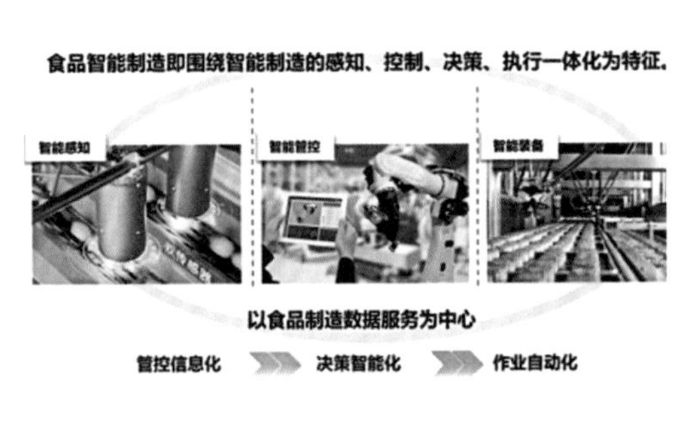

图 3　食品智能制造

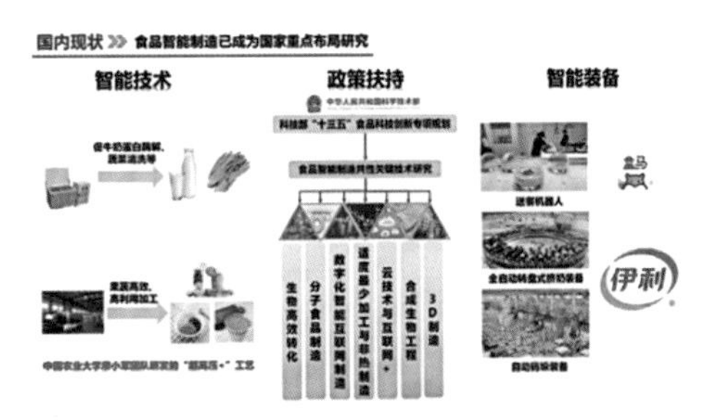

图 4　食品智能制造已成为国家重点布局研究

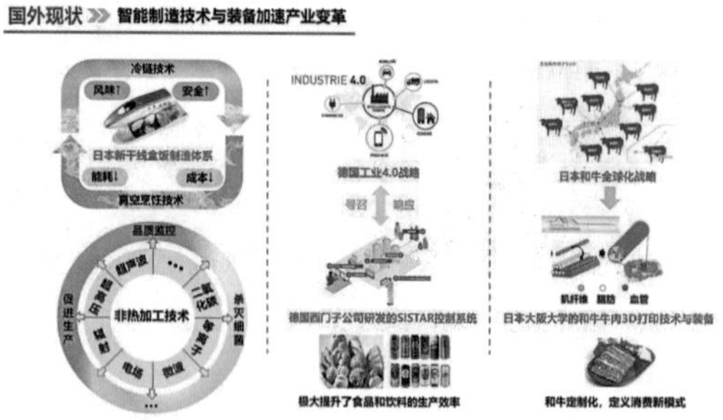

图5 智能制造技术与装备加速产业变革

由于预制菜产业发展时间还比较短，目前面临的最大困难在于新兴技术存在两个问题：第一，本身技术还不够成熟。第二，技术和加工过程中缺乏可控、可测、可真正实现整个过程加工和控制的食品智能制造设备集成（图5）。

以冷冻和解冻为例子，如鱼类冻结过程中，会形成多大的冰晶？这个冰晶对质构有多大的影响？解冻的过程，怎样让冰晶融化？食品研究人员只有将食品变化规律转变为数字化表达，变成可以用软件能够表达的事物，从事机械研究人员才能利用机械进行食品生产加工，方能实现食品智能化。

因此，预制菜的产业，食品的工业化，不是一个纯食品工业的问题，它是所有现代技术，包括信息技术、控制技术、软件编程技术的集成。

二、预制食品智能制造面临的难题

预制食品具有省时省力，提高效率等优势，但也存在不少痛点，如营养流失、供应链不完善、标准不统一、溯源体系不完善等问题。

1. 将品质形成的过程数字化

要使专业厨师的烹饪经验用机械化制作全流程控制，我们就需要了解肉的成熟曲线和风味形成曲线等食品专业知识。举例：风味形成的过程，只有在某个温度点添加酱油，才能形成某种风味，理想化状态是能将风味的形成过程和颜色的形成过程都变成可控的数据。过程控制由经验变成机器感知，一方面，利用机械设备感知食物的加工过程；另一方面，借助另一些设备对食物的品质进行分析，综合上述两方面的感知结果就能实现对食物的加工过程中的颜色变化、结构控制信息的获取和分析。最终，可以根据传感器的数据自行完成烹饪过程中的各个操作步骤（图6）。

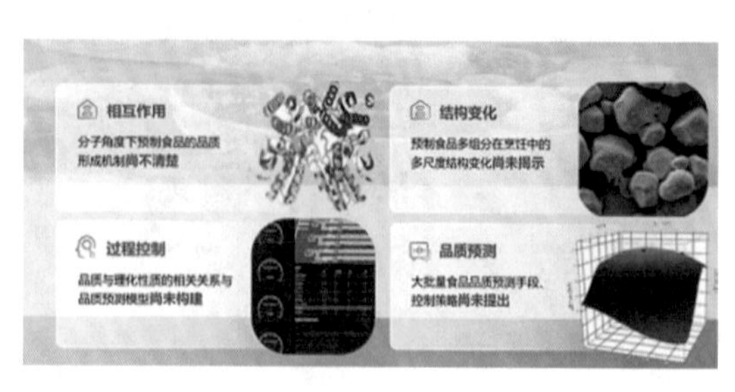

图6 食物品质形成的数字化

国家“十三五”到“十四五”期间，都在重点攻关品质形成过程及相关工作，这就要求食品科学的专家们要用工程的思考，用机械的思维和编程的思路把食物品质形成的过程实现数字化。

举例：揉面团的过程，机器难以模仿手工操作。要想对揉面团的主要细节和规律进行把握，由于过程的复杂性，若仅在机器中输入一个参数是不够让其进行模拟操作的，而是要输入一个适应整个过程的公式，机器只有根据公式才能达到理想的运行效果，如果仅输入一个参数，机器只按照所设定的参数进行运作，这就是没有智能化的表现。

2. 机器加工难以替代手工，食品智能制造加工设备单一

利用机器加工来模拟手工操作的过程，通过设定几个简单的参数，比如时间、力度、转速等，能做出类似的产品，但并不一定能做到最好并且维持质量稳定（图 7）。

目前的食品智能加工制造，设备较为单一，还有很多是人工和机器掺杂的链条，没有形成链条整体性的操作，行业急需将整个食品加工体系集成并实现数字化（图 8）。

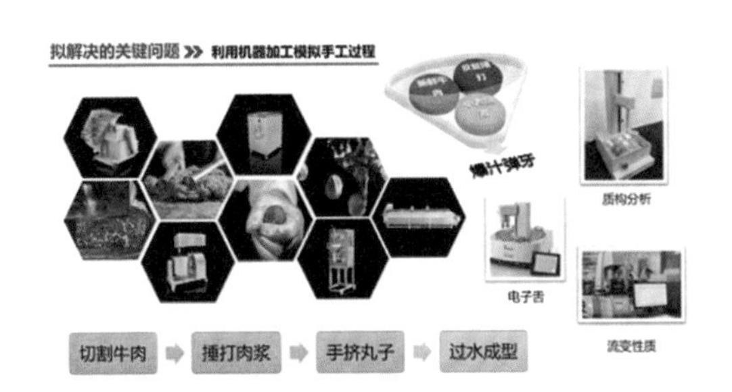

图 7　机器加工模拟手工操作过程

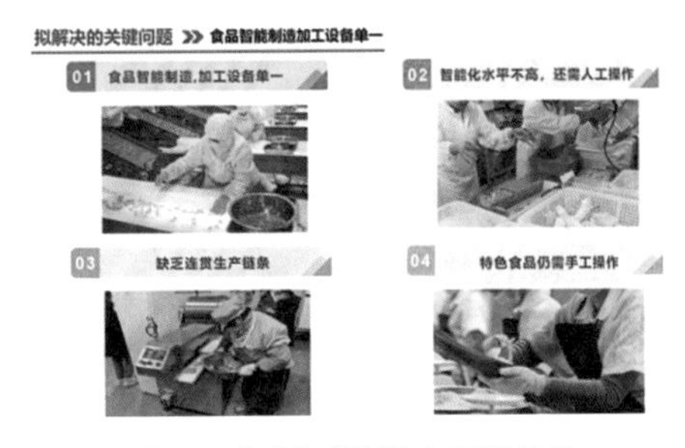

图 8　食品智能制造加工设备单一

三、解决方案的探索

1. 成立交叉学科

要想解决预制菜加工体系集成的问题并实现数字化的目标，成立一个交叉学科攻关团队极有必要。佛山科学技术学院是一所综合性的大学，佛科院的学科优势明显，我们的思路是：由不同学科具备专长且对预制菜加工感兴趣的老师和同学形成一个攻关团队，试图从食品加工过程的数据化和智能控制的角度来开展攻关（图 9）。

2. 融入新型加工技术

在预制菜加工过程中融入一些新型的加工技术（图 10）。非热加工与传统热加工相比有很多优点。单一的非热技术，类似于脉冲电场、高静压等，都是模块式研究。在烹饪肉类时，熟化温度是 100 ℃，而爆炒温度则更高，西式烹饪只需要 70 ℃左右即

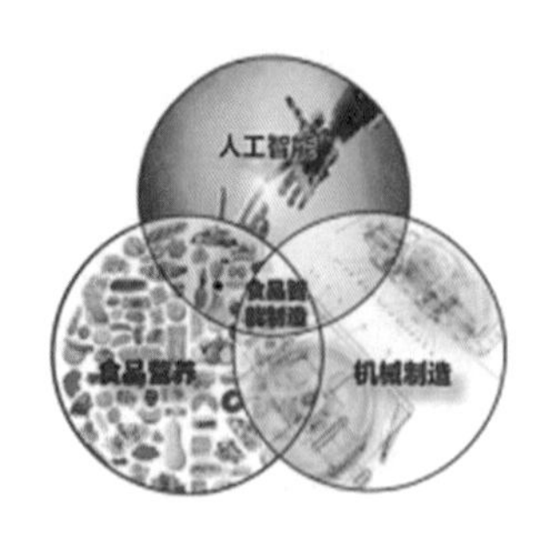

图 9 交叉学科

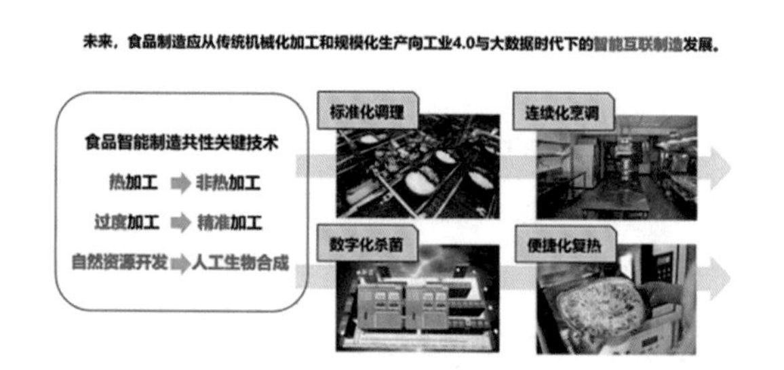

图 10 新型加工技术应用在食品加工中

可将肉制熟。但在很多情况下会造成过度加工，因为消费者喜欢过度加工的焦煳味、香气，这是我们的消费习惯导致的。

3. 构建食品智能制造工艺数据化体系

肉类熟化的关键是蛋白质变性，蛋白质的变性温度在 58—65℃，60℃左右蛋白质就变性了。精准加工能让肉恰到好处的成熟。为达到精准加工，首先围绕单个过程的数据变化，设定参数，目前我们研究了几个参数，将其色香味形用数学的形式来表达，应用在加工过程中，旨在构建食品智能制造工艺数据化体系（图 11）。

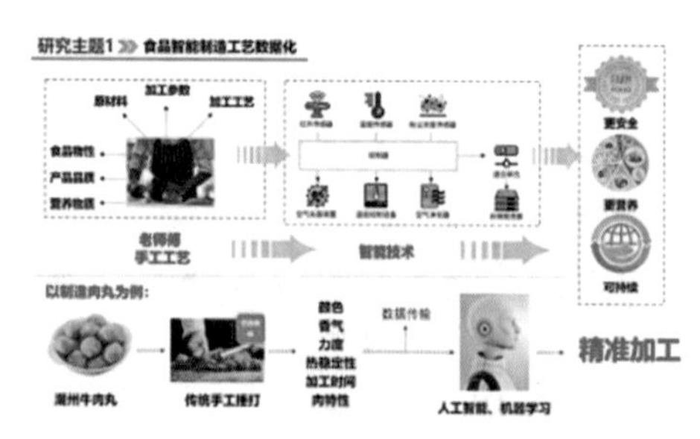

图 11 构建食品智能制造工艺数据化体系

4. 食品智能制造共性关键技术研究

食品智能制造共性关键技术主要有三个部分：理论、装备、在线检测（图 12）。

无损检测（图 13），全国范围内有多个团队在食品无损检测领域做得非常好，但真正能应用在加工过程实现品质感知，并及时转化到控制系统中调控加工过程，还有比较远的路要走。

图 12 食品智能制造共性关键技术

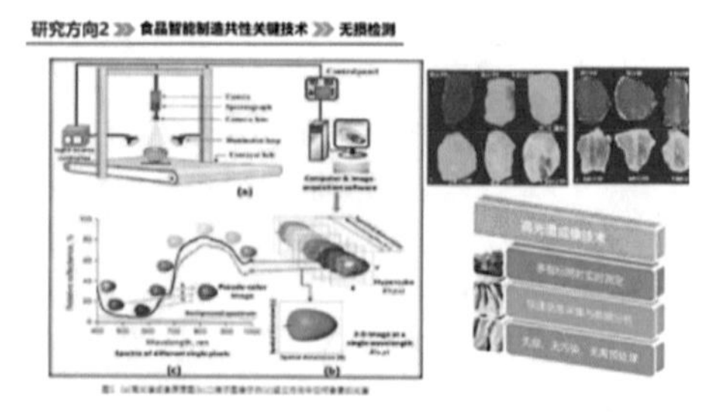

图 13 应用高光谱成像技术进行无损检测

5. 构建预制食品安全追溯健全体系

溯源的问题难在一二三产业的融合，整个过程可采用区块链技术来做。要想形成可信的溯源，最大的难点在于区块链的点非常多，它的数据要求也非常大，除了数据处理量的难度，可信度也是一个需要攻关的问题。只有构建了基于区块链的预制食品安全追溯体系，才能最终构建可靠的预制食品安全追溯健全体系（图 14）。

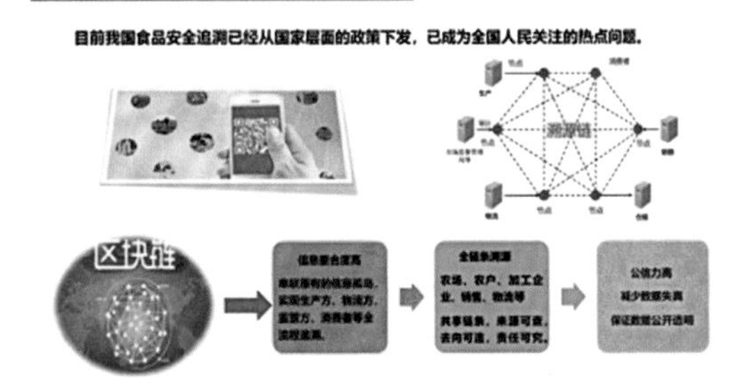

图 14　构建预制食品安全追溯健全体系

肖乃玉：
预制菜发展的底层逻辑与包装需求分析

个人简介：

肖乃玉，教授、博士、博士后、博士生导师，广东省普通高校中央厨房岭南特色食品绿色制造工程技术开发中心主任，广东省食品绿色包装工程技术开发中心主任，广东省岭南特色食品科学与技术重点实验室智能贮藏与保鲜方向带头人，广东省工业钴-60伽马射线应用工程技术研究中心首席科学家。

预制菜作为食品行业的新热点，目前在B端和C端市场高速发展，传统食品餐饮企业也纷纷把目光汇聚到预制菜赛道。而包装是美食之形，体现了其保鲜防护、便捷、美观的重要特质，因此预制菜产业的发展离不开包装的加持。如何让包装“伴飞”预制菜，提升其产业附加值，根据全产业链的调研，预制菜对功能包装有以下需求。

一、净菜保鲜高透包装

净菜加工在我国农产品加工或者食品工业里占据重要地位。根据数据调查显示，2008年出口产值大概是在700亿元，2009年850亿元左右；而2021年工业化食品产值是9万亿元，净菜加工在食品工业中占的份额在高速增长中。同样，净菜加工业在出口方面具有非常明显的优势，2008年出口产品达到780万吨，占我国农产品出口贸易额15%。

高阻隔袋抽真空保存净菜

如此庞大体量的净菜加工产业，当前的保鲜贮藏仍依赖于传统高阻隔袋抽真空的技术。而高阻隔袋抽真空技术不仅会导致植物体因无法正常呼吸而促使其无氧呼吸，加速发酵，破坏了原有的风味，还会进一步导致厌氧菌超标、加速植物纤维化的风险的发生。

高透型保鲜包装，能使净菜在贮藏过程中实现正常呼吸、阻隔灰尘等异物污染，且持续不断地对植物生长激素——乙烯进行吸附分解，同时，具有实现长效抑制细菌生长的效果，进而最大程度地保持净菜新鲜。

二、常温保鲜包装

目前即热型的预制菜在加工过程中主要有 3 种处理方式，其技术特点如下：

加工方式	工艺条件	成本对比	风味口感	保质效果
急速冷冻	超低温急速冷冻 低温冷冻	较高	佳	短
高温	121—130℃ 10—30 min	适中	差	长
超高温	133—140℃ 4—6 sec	适中	一般	长

即热型预制菜加工处理方式对比

三种加工方式中，急速冷冻加工工艺处理方式对菜肴本身的风味口感及新鲜度保留最好，保质期一般在 1—3 个月；但全程冷链配送所产生的成本接近生产菜肴本身的成本，属成本偏高型，且脱冷环节有食品安全发生的隐患。高温及超高温的加工方式，可常温配送，保质期均在 9 个月以上，但都对菜肴的风味口感造成一定损失，尤其是以高温处理为主的菜肴，风味损失更加严重。

拟定菜品的总加热量是 100%，在制作环节完成 60% 左右，后续的 30% 在高温灭菌阶段完成，后续复热用 10% 的热量，从而保证总加热量是 100%。通过“食品加工工艺 + 功能包装材料 + 包装设备”三者的协同，实现既不破坏菜肴风味口感，能保证刚刚好的口感，又能常温配送降低贮藏成本的“常温保鲜配送技术”成为预制菜保鲜研究的关键。

此外，国内也报道过菜肴煮制之后，覆盖高阻隔薄膜，浸泡于流动的冰水混合物中，迅速将其中心温度降至于4℃左右，然后整体贮藏配送均在0—4℃环境中，货架期延长至3个月，预制菜风味还原度非常高。

三、便捷式功能性包装

1. 微波加热包装

现在的微波加热包装通常都是带排气孔的，无法实现密封，难以适用于真空或气调包装。而传统的包装食品在微波加热环境下，产生的大量水蒸气会将整体膨胀乃至涨破。如此则需要结合设备开孔，保证水蒸气能顺利释放。这样不仅会造成风味快速散失，也会增加整体贮藏的难度。

微波加热包装（图片来源：希悦尔）

新材料技术结合包装结构工艺，在不开孔的情况下，能使蒸汽顺利缓慢通过单向泄气阀，且整体包装仍然具有高阻隔性能是迫切需要的。

2. 烤箱专用加热包装

传统塑料包装不耐高温烘烤，且在烤箱中容易出现有害成分析出。而经过现有新材料技术改进的新型包装材料，已能实现在190℃下烘烤4小时包装完好无损，且具有韧性强、耐刺穿的特点。能使烹饪过程中极大地减少准备、清理的时间。

烤箱专用加热袋（图片来源：希悦尔）

四、风味锁鲜包装

1. 低温慢煮袋

在常规烹饪条件65—90℃条件下，蒸煮2—8小时，通过较低温度长时间加热的烹饪方法，能极大地减少水分、风味、香气的流失，发挥出原料的最佳风味。

低温慢煮袋（图片来源：希悦尔）

低温慢煮袋相比传统式烹调有更长的保存期

限、保存营养价值和感官质量。

2. 真空贴体包装

对于鲜肉类一类的加工产品，真空贴体包装比气调包装能够实现更长的保鲜期。且由于体积紧凑，更能提升商品陈列效率。同时具有抗穿刺的特性，适合带骨产品。

五、外观洁净包装

1. 即热食品防雾盖膜托盒包装

常规塑料薄膜盖表面容易附着水蒸气，导致食品的存放状态难以被直接观看到。从表观状态间接影响到消费者的购买决定。现有新材料技术开发出的高透薄膜盖通过调节分子间距，可实现对盒体内产生的水蒸气进行持续排出且不造成外界污染进入。

即热食品防雾盖膜托盒包装
（图片来源：希悦尔）

2. 高疏水疏油自洁净包装

利用荷叶效应制备疏水疏油涂层，采用HHIC技术研制无迁移、食品内包装抗菌涂层，结合升级的真空热封包装设备，研发出高疏水自洁净包装新材料。

具有以下技术亮点：实现常温配送，节约仓储空间和能耗，减少配送成本；涂层无功效成分迁移，预制菜内部不添加防腐剂；涂层清洁度达 95%。

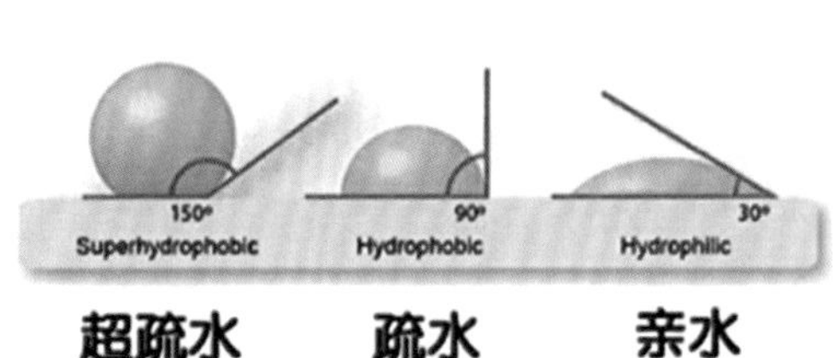

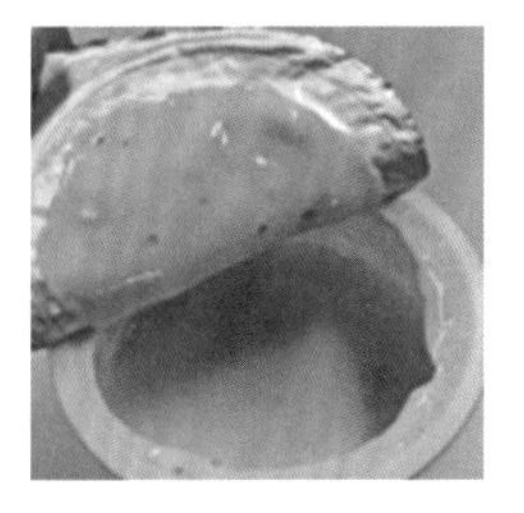

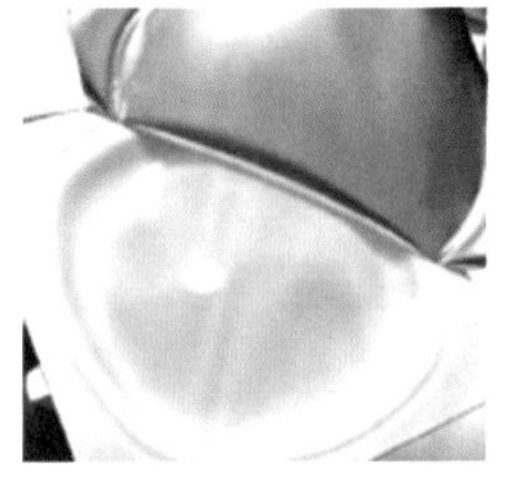

高疏水疏油自洁净包装作用图

在保证人们享受预制菜为生活带来便利的同时，预制菜包装供应商在产品的多样功能性和绿色发展方面已做出大量努力工作，尽可能还原预制菜风味口感呈现的同时，也挖掘出更多提升菜肴价值的新机会，为满足人们对高品质生活的追求持续贡献力量！

潘今一：基于人工智能的预制菜区块链与全程溯源技术

个人简介：

潘今一，国家级高层次人才，视频行为分析国际专家，佛山科学技术学院电子信息工程学院教授，美国纽约市立大学光通信和量子技术博士，美国贝尔实验室研究院、诺基亚研究院波士顿研究中心主任，公安部反恐局特聘专家，佛山市禅城区智慧城市建设高级顾问，佛山弘视智能信息科技有限公司创始人、董事长。

一、预制菜行业前景及痛点

2021 年预制菜的市场规模超 3000 亿元，且每年以 20% 的速度增长，可谓是市场规模巨大，且具有广阔的前景。一方面，随着中央厨房的出现，为预制菜的大规模发展也提供了有利条件，同时区块链技术和人工智能、数字化等技术的发展，使预制菜生产到配送全程可信溯源，保障了预制菜的食品安全和食品品质。另一方面，对预制菜行业进行详细调研，发现目前预制菜的发展有非常明显的趋势，国内的年轻人像国外的人一样，希望能够在 20 分钟到半小时之内解决吃饭。我也在国外生活了二十年，对于美国人吃饭的现象有所观察，一般情况就是 15—20 分钟解决。而我们的设想是将中国多样化的中式食品进行加工制成预制菜，实现可通过居家烹饪或加热等方式在 15—20 分钟解决一顿饭。

2022 年以来，预制菜的概念持续火爆，作为一个万亿级市场规模的行业，其发展空间巨大，并且大量企业或资本涌入了预制菜赛道，但预制菜行业仍存在诸多问题：一是缺乏统一的标准。预制菜是把一个原来纯手工或者纯靠经验非标准化的行业，变成一个要通过流程数据化、标准化，将一二三产业整合形成的新行业，所以预制菜的行业痛点，来自它对整个行业升级的需求。二是环节品质化缺乏。预制菜从最初的原料生产基地，到中间农产品精深加工和物流运输，到最后的餐饮市场消费供应，每个环节都要制定严格的标准，而采用区块链人工智能等技术能够保证预制菜食品安全、全程可溯、同时保障口味稳定、品质优良。三是产业链数字化缺乏。预制菜产业链长，存在流程多、环节复杂等问题，应大力支持产业龙头企业搭建全产业链数字化平台。为解决以上的痛点问题，可通过运用区块链技术把预制菜产业全流程、全环节、全系统数字化。

二、区块链技术在预制菜的应用及意义

区块链就是通过每一个链上的数据，比如种植的数据、养殖的数据，施的农药和种子信息，形成链上数据以后，打造时间戳，通过这些数据来计算出哈希值。哈希值是加密算法以后出现的一个固定数值，里面任何一个数据改变导致哈希值变化，而变化了的哈希值会进一步往下传。区块链本身又分为公有链、行业链和私有链。公有链就是比特币，全世界的人都可以完全去中心化，即大家都可以去写或者交易的数据。私有链是一个企业，比如银行内部的一个企业或者某一个小团体之内，希望自己的数据不对外公开，自己形成一个区块链。

对我们来说，预制菜行业叫做行业区块链（图 1），行业里每个阶段的人，大家达成同一个决定或者同一个标准从而统一定为标准。前期需要介入什么数据，中间一环种植需要什么数据，采集需要什么数据，然后到运输、加工中形成统一的要求之后，每个节点按照要求输入数据，形成了整个行业的区块链，并且通过区块链形成不可篡改的最后结果。

利用区块链技术对预制菜的生产进行溯源（图 2）。预制菜把一二三产业整合在一起，同样数据量非常庞大。比如广东的烧鹅预制菜，从烧鹅的养殖开始，原产品养成得到哈希值，接着进入加工业，同样的哈希值在加工业之后形成新的哈希值，然后到

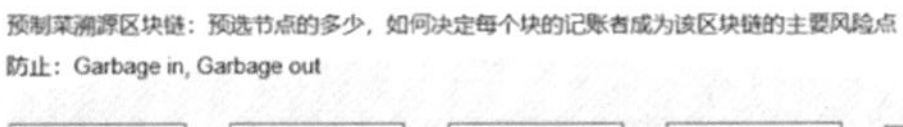

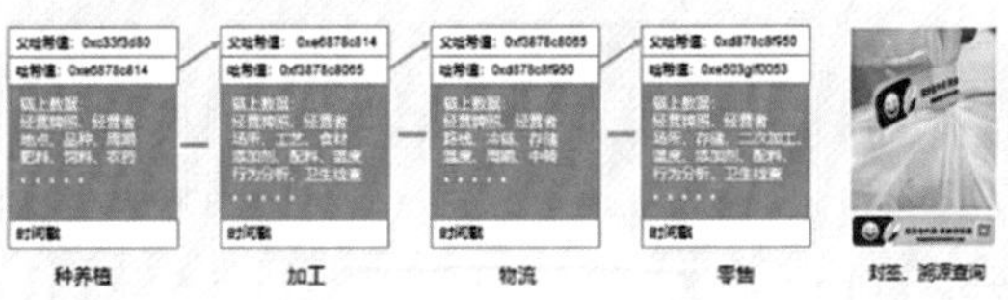

图 1　预制菜溯源区块链

图 2　预制菜生产环节的区块链

物流存储，这个菜加工后变为预制菜发出去，再通过运输、冷链、存储，最后到零售，是到摊贩零售还是到大超市零售，最终有一个可溯源的查询系统，待封装完可通过扫描二维码得到很多相关的数据。

区块链技术可应用于预制菜配送。有的预制菜保质期为 4 小时，有的预制菜保质期为 24 小时，对配送的时间和速度有一定要求，因此整个运输过程和配送过程也要形成区块链以达到全程温度记录防止食物变质，以及配送定位等便利服务。这就形成了区块链的应用行业，围绕区块链和预制菜加工，带动了生产、加工、包装和加工的智能化、数据化，这个本身就会带来千亿产业，如种植行业、养殖行业、畜牧业行业同样需要大量的感知设备；如传感器开发，中央厨房的制作、调味品投放系统能够自动判别你放了什么食物和食料，中央厨房投放的添加剂、温度传感等系统，本身就是一个很大产业。这些数据提供给区块链技术在预制菜生产的应用。

预制菜区块链算法可以帮助建立行业标准。在食品加工领域，以前都是靠人工操作，不存在太多标准，加工出来的产品质量是一些主观因素：口味、口感等问题。而在预制菜产业中可通过区块链算法协助各个企业形成自己的特色口味。如要想把罗非鱼变成一道预制菜，肯定要从源头定各种各样的标准，就会形成罗非鱼的半成品，每一个细分行业就需要建立自己的行业标准。

区块链全闭环的应用将通过区块链的方式在每一个菜品或者每一个外卖产品里推动的食品标签，把行业里每个菜品的实际数据能够通过封签标准让消费者随时可获得。

钟赛意：
水产预制食品加工关键技术与产品开发

个人简介：

钟赛意，教授、博导，广东海洋大学南海杰出学者，现任广东海洋大学食品科技学院副院长、广东省水产品加工与安全重点实验室常务副主任、广东省海洋食品工程技术研究中心副主任、海洋食品营养与功能因子研究与开发创新团队（省级）负责人、湛江市预制食品研究院副院长，兼任广东海洋协会海洋生物分会副会长、广东省食品学会理事、中国预制菜产业联盟专家委员会专家、国家农产品加工科技创新联盟预制菜专业委员会专家、深圳全球海洋中心城市建设促进会专家委员专家等。主要从事海洋水产品营养与功能化开发等方面的研究工作。近年主持国家自然科学基金、国家重点研发计划课题、广东省重点研发计划、深圳市科技计划项目等20多项。发表论文100多篇，其中SCI/EI收录60余篇，获得授权国际和国内发明专利20余项，获全国商业科技进步奖三等奖。

一、发展水产预制食品的背景及意义

2022年3月6日，习近平总书记在参加全国政协第十三届五次会议农业界、社会福利和保障界委员联组会时强调“粮食安全是‘国之大者’”，要树立大食物观，其中便提到向江河湖海要食物。这说明水产品是大食物结构的重要组成部分，同时水产预制食品也是预制菜的重要组成部分。“大食物观”给水产品和发展海洋食品赋予了新的内涵，同时提出了更新更高的要求，也给我们带来更多的发展机遇。从全球范围来看，2022年《世界渔业和水产养殖状况》报告：2020年全球渔业和水产养殖总产量上升至历史最高水平（图 1），达 2.14 亿吨。说明当前水产食品对粮食安全和营养的贡献之大，且前所未有。

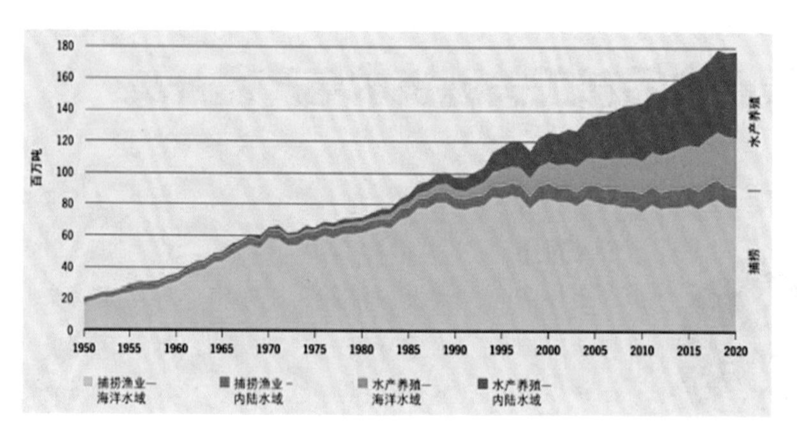

图 1　1950—2020 年世界捕捞渔业和水产养殖产量

从国内来看，我们国家是世界上最大的渔业生产国，是养殖量超过捕捞量的水产大国。过去 30 年，我国水产养殖取得了很辉煌的成就，总产量从 1989 年的 1333 万吨增加到 2020 年的 6549 万吨，人均水产品占有量从 11.82 千克增加到 46.38 千克，已经达到世界平均水平的 2 倍。另外，我国也是水产超级消费大国。据测算，2019 年，我国人均消费水产品的量达到 29.35 千克。水产品在大食物结构当中占有越来越重要的地位，已经成为我国居民重要的优质动物蛋白的来源。

从《中国居民膳食指南》并结合《食物与营养发展纲要》数据来看，人体推荐摄入量还不够，我国居民消费存在“两个不足、两个不均、两个不利”问题。“两个不足”是指一方面总体摄入不足，我们目前的平均水产品量只达到营养膳食宝塔的下限，距离《食物与营养发展纲要》的推荐摄入量还是有较大的差距；另一方面结构性不足，目前水产品主要还是以鲜活和冷冻产品为主，其他的加工品还是相对少，但随着预制菜热潮的涌起，水产预制菜也在逐渐地走入大家的视野。“两个不均”是指城乡不均和地区不均。目前城市的消费量大概是农村的 2 倍，沿海消费多，大概是内陆的 53 倍，有些地区甚至长期缺少水产品的摄入。“两个不利”是指不利于资源节约和市场推广，现代水产品还是以鱼肉的利用为主，尤其是对副产物的利用不足。目前产品相对单一，不利于市场推广。

发展水产预制菜对传统水产食品加工业是很好的抓手。水产食物有营养丰富、味道鲜美、高蛋白、低脂肪、营养平衡等特点，所以大家都形成应该适量摄入海鲜的健康共识。目前水产预制菜已经成为消费新“食”尚，成为水产品行业的重要增长点。

发展水产预制菜将推动水产食品的消费变革，同时将水产品的消费方式由资源浪费型转变为资源集约型。水产预制食品对整个水产加工产业链有非常大的提升作用。我们都知道水产预制菜，上游是接原料端，包括养殖业、调料及辅料、包装材料、生产设备。中游是初加工、深加工的企业，现在越来越多预制菜的生产商、产品速冻食品商、供应链商、餐饮业，对这些企业都有很大的提升作用。下游是流通、消费端，包括经销、直销、批发、零售等 B 端市场和 C 端市场（图 2）。

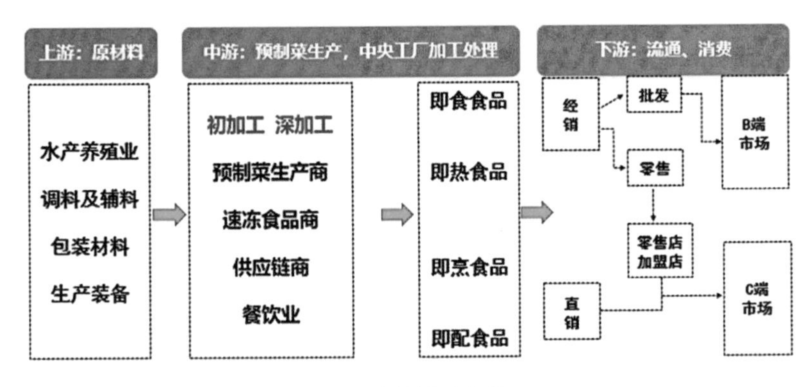

图 2 预制菜产业链

预制菜产业是连接第一产业和第三产业的中间纽带，能够很好地推动餐饮行业第三产业的发展，同时能够通过带动第一产业的养殖业带动乡村振兴，也就是通过产业振兴带动乡村振兴，可以说发展水产预制菜对促进三产联动，充分发挥预制菜产业在发展格局中促消费、稳就业取得了非常重要的作用。未来预制菜发展是一个趋势，它的本质是餐饮行业数字化、标准化以及工业化，最终是为了满足消费者对美好生活的需求。但预制菜产业正处于发展的初阶段，行业还是存在比较多的问题：尤其是针对 C 端市场的产品，质量参差不齐；新鲜度、保真还原度不够；产品同质化，缺乏统一标准，存在安全隐患较多；现有产品对营养功能和风味欠缺考虑，不能满足大家对美好生活需求。我认为问题的根本是科技发展未能跟上需求，尤其是系统化、工程技术研发不足，一些工业化生产技术瓶颈研发不足。所以，要想预制菜产业健康发展，科技一定要先行！

二、水产预制食品加工关键技术

水产预制菜不是简单的一道菜，它里面还有一系列的关键技术需要突破，这里大概引出一些攻关技术，比如原料的预处理技术、减菌、净化，食品设计与产品开发、加工工艺的优化，产品和营养数据库的建立，品质保持技术、速冻技术、包装技术以及贮藏保鲜和货架期的预测技术；安全控制方面包括安全质量控制技术、冷链物流体系构建、可追溯体系构建、自动化智能化生产线研发与建设。

前期的水产品加工在传统加工的基础上，广东海洋大学食品科技学院水产预制菜研究平台建立了预制食品色香味形的分析平台，分析仪器设备超过6000万元。同时已经建立了五条生产线，其中包括水产品保活流通模拟运输生产线、鱼糜预制品中式生产线、副产物的高值化利用中式生产线、发酵食品中式生产线、亚热带果蔬汁的中式生产线。

针对虾的绿色食品加工关键技术研究与产业化应用，已经进行了较长时间的研究，其中的关键基础研究，包括肌肉的软化、护色的机制以及凝胶的相关机制，都进行了系统研究。同时对一系列的关键技术进行了集成，创制了一些新的产品，包括虾米制品、虾副食品、虾裹涂食品，同时还建立自动化的生产线（图3）。

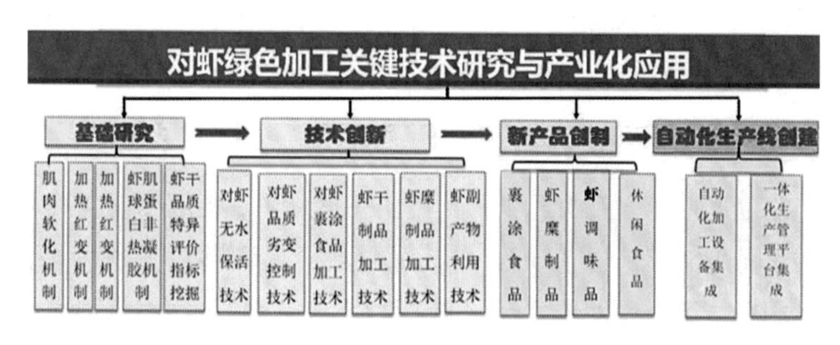

图3 对虾绿色加工关键技术研究和产业化应用示意图

海洋经济贝类加工关键技术研究与产业化应用，对贝类生态冰温保活流通技术创新与应用、贝类高值化加工关键技术创新与系列产品开发、贝类活性肽制备关键技术创新与应用、贝类功能活性物质的深度挖掘与功能食品开发等一系列技术进行了研发，取得的一些成果在多个省份的20多家企业已经得到了运用，取得了显著的社会经济效益。

鱼类加工关键技术研究与产业化应用，对相关的基础研究、应用基础研究，如一类资源的调查、哪些适用于大规模的加工，还有关键的酶解发酵技术、冷冻食品加工、鱼类加工下脚料综合利用、肌肉蛋白的基础研究、增融稳态化行为及机制等进行了系统研究，并进行了产业化的产品开发。

水产蛋白高值化利用共性技术研究及新产品开发，主要是针对鱼虾贝的资源利用率不高的问题，尤其是一些价值不高但是蛋白含量仍相对较高的水产及副产物。针对水产蛋白的结构和功能、水产蛋白的高效生物转化，以及一些关键技术如生物脱腥、美拉德增香、高效膜分离进行研究。海洋牛奶，海鲜的调味基调，包括蛋白粉等一些调味品，这些在几个企业都得到了比较好的运用，包括华宝香精、星亿海洋等。

三、水产预制食品的开发及展望

在水产品预制菜方面，针对一些鱼类：罗非鱼、黑鱼、鲈鱼、金鲳鱼等跟恒兴、国美水产等大型公司进行了联合开发。恒兴品牌的水产预制菜销量较高，如松树鲷鱼，这些都是爆品。虾类系列预制食品，有烧烤系列、水煮系列等；贝类系列预制食品，有黄金鲍鱼片、生蚝等。如蛤蜊营养粥3分钟就可以享受到，还有比较独特的广式卤味鲍鱼、即食牡蛎风味休闲食品，牡蛎香肠、蛤类风味肠。攻克了一批海鲜调味品的关键技术，这些关键技术转让给了广东的兴亿海洋生物工程股份有限公司，助力社会企业生产了一系列的产品，用于方便面、休闲食品、预制菜等产品，为众多的知名企业，包括统一、海天提供海鲜调味品的基料。还开发了其他的预制食品，包括海红米，开发富硒速溶营养米粉和安神养颜的代餐米粉，利用海藻资源开发了即吃的海藻、海洋蔬菜、海藻调味酱、海藻饮品（图4）。

湛江不但是海鲜之都，且农牧业、畜牧业也很发达，还有很多畜禽的资源，其中典型的代表就是正大集团，他们也有很多相关的产品，现在卖得都非常好，包括宫保鸡丁、鱼香肉丝、红烧肉、三杯鸡、广式烧鸭块、清炖狮子头等，这些都是网红产品（图5）。

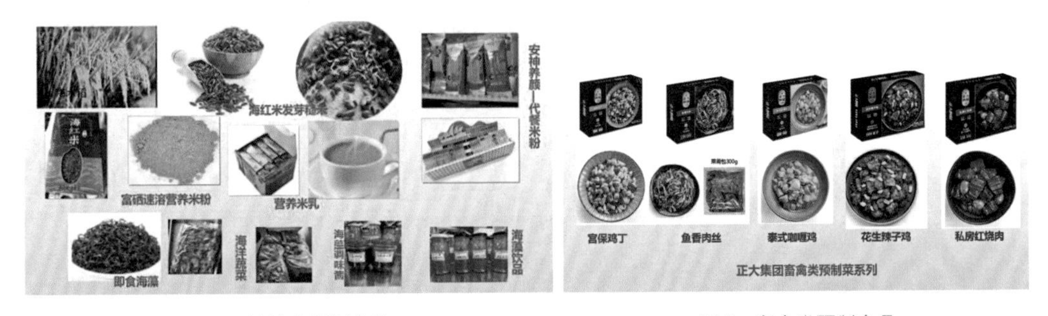

图4 其他类预制食品

图5 畜禽类预制食品

相信水产预制食品一定会有更大的发展，以及水产食品一定会往安全、营养，以及特色化、标准化、健康化、自动化、智能化方面发展！

OTHER ADVICE

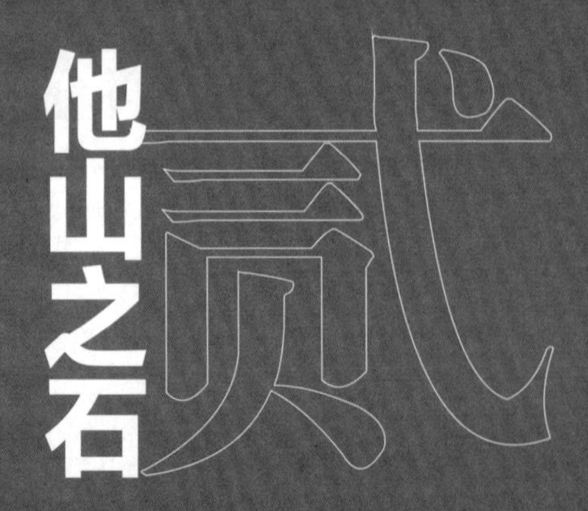

涂宗财：水产预制菜发展现状与趋势

个人简介：

涂宗财，博士，二级教授，博导，江西师范大学党委委员、副校长，江西省科协副主席，国家淡水鱼加工技术研发专业中心主任，国家大宗淡水鱼技术体系岗位专家，“十四五”国家重点研发计划专项项目首席科学家，南昌大学食品科学与技术国家重点实验室学科带头人，江西省省级示范研究生导师创新团队负责人。是“新世纪百千万人才工程”国家级人选，享受国务院特殊津贴专家，全国优秀科技工作者等。主要研究领域为食物资源的精准化高效利用研究和水产品加工及高值化利用。先后主持国家和省部级项目 80 余项，完成省级成果鉴定 21 项；为 100 多家企业提供了技术服务，累计产生经济效益百亿元以上；在国内外权威期刊上发表学术论文 300 多篇，其中 SCI 收录 200 余篇，出版学术著作 9 部；获授权发明专利 51 件；获得省部级科技成果一等奖 4 项，二等奖 8 项，省级教学成果一等奖 2 项；指导学生荣获中国国际大学生“互联网 +”大赛金奖 1 项、银奖 2 项和首届中国博士后创新创业大赛金奖 1 项。

一、我国预制菜产业发展现状

预制菜是指以农、畜、禽、水产品为原料，配以各种辅料，经预加工（如：分切、搅拌、腌制、滚揉、成型、调味）而成的成品或半成品（图 1）。统计数据显示，我国预制菜销量大增，预制菜成为消费新时尚，我国预制菜生产行业迅速发展壮大。从预制菜的销量来看，2022 年盒马平台的预制菜年货销售量增长了 3 倍；叮咚买菜平台在春节 7 天的预制菜销量同比增长超过 3 倍，7 天卖出 300 万份预制菜，而且单价同比增长 1 倍；2021 年淘宝网预制菜年销量增长达到 100％。从发展趋势来看，在未来的五年，预制菜市场肯定要突破万亿，也就是说市场空间特别大。

从预制菜注册企业数来看，仅 2020 年一年，预制菜相关的注册企业就达到 1.25 万家。到 2022 年 3 月，总的企业数已经达到了 7.6 万家，增长速度非常快速。预制菜产业在全国各地呈现百花齐放态势，尤其是广东，占比系数达到将近 80％，而注册企业数最多的为山东省，接近 1 万家（图 2）。

图 1　中国预制菜超市图（图片来源：百度搜索）

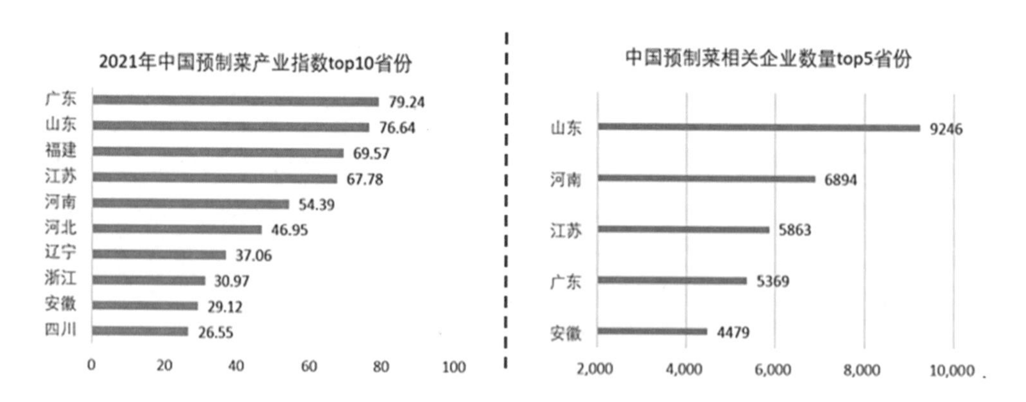

图 2　2011—2020 年中国预制菜行业市场规模及预测情况（亿）（数据来源：艾媒咨询）

预制菜行业发展大致分为六个阶段：预制菜起源于美国，成熟于日本。从 20 世纪 90 年代中国开始有净菜，然后是 2000 年前后出现半成品菜，再到 2014 年前后出现快餐料理包，到现在疫情催发预制菜产业发展，后疫情时代将是预制菜行业大力发展的时机。预制菜相比传统菜肴，主要优势有工业化、集约化、标准化、专业化和产业化（图 3），尤其是在 B 端——餐馆，不仅可以减少人耗，减少留存，而且能够节约厨房空间。对于 C 端，消费者可以省时、饮食健康，性价比高，因此预制菜普遍得到大家的认可。

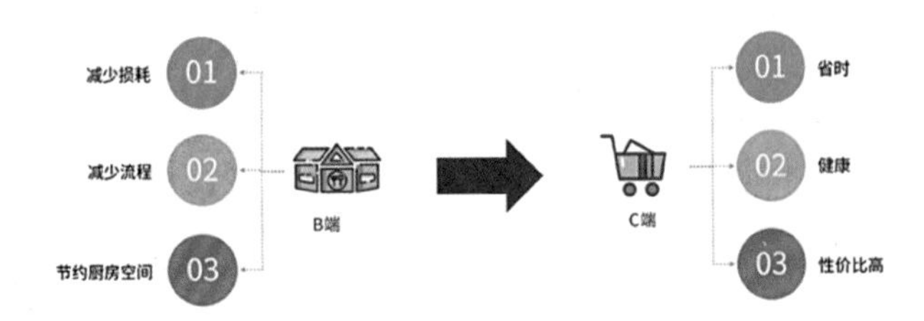

图 3　预制菜相比制作传统菜肴的优势

中国预制菜行业的发展驱动力主要有六个方面：一是社会主要矛盾转化和利好政策的出台。二是国家的经济持续向好，国民收入增加。三是后疫情时代消费的要求。四是科学技术的发展，冷链物流不断完善。五是生产成本的控制。六是乡村振兴战略为我们提供了大量的标准化原料。

除了解清楚中国预制菜行业的发展动力，课题组调研时发现我国预制菜的消费者也呈现一定特点。对中国的八大菜系进行数据统计可知，消费者喜欢的预制菜菜系特点如图 4 所示，川菜高达到 58％，位居消费者喜欢菜系第一，粤菜第二。另外，我国预制菜的消费呈现以下特点：女性消费较多，比男性高十几个百分点；一、二线城市居多，尤其是华东地区比较多，且中青年消费者比例特别高（图 5）。

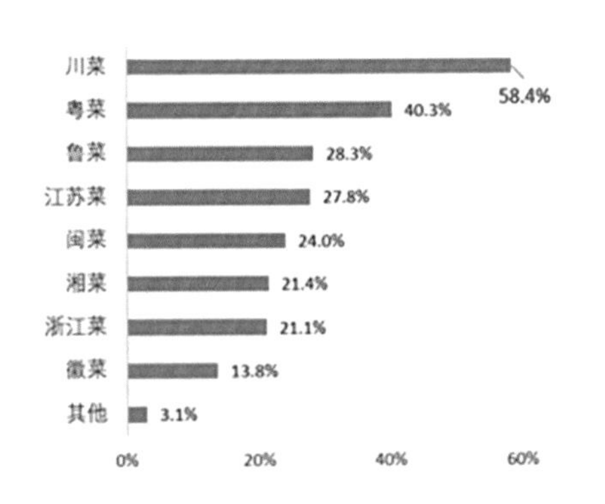

图 4　2022 年中国消费者喜欢的预制菜菜系
（数据来源：艾媒咨询）

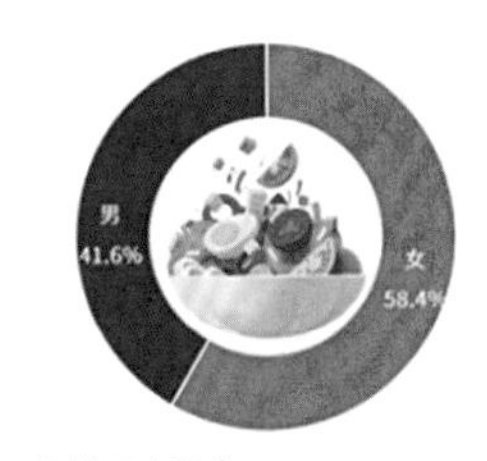

女性用户居多

预制菜用户中女性用户占比达 58.4%，男性用户占比为 41.6%。

一二线城市用户居多

预制菜用户中，45.7% 的用户分布于一线城市，19.8% 的用户分布于二线城市，16.4% 的用户分布于三线城市。

华东区域客户量较大

预制菜用户中，31.7% 的用户处于华东区域，其次是华南、华北、西南、华中区域，用户量占比均达 10% 以上。

中青年为主

预制菜用户中，22—40 岁用户占比达 81.3%，其中 31—40 岁用户占比为 46.4%。

图 5　2022 年中国预制菜行业 C 端用户分布
（数据来源：艾媒咨询）

二、水产品预制菜产业发展现状

水产品预制菜是我国预制菜行业的重要组成部分，水产品预制菜产业在原材料供应、生产加工和冷链物流方面具有先天优势，自成产业链，所以目前国内的水产预制菜同样呈现较好发展势头（图6）。

图6 水产品预制菜产业链图（图片来源：百度搜索）

我国水产品预制菜的发展现状可从三个方面进行分析，由原料供应到生产加工最后到冷链运输。首先是水产品原料供应方面，我国水产品供应充足，近五年我国水产品产量基本稳定在6500万吨，为预制菜发展提供了充足的原料。其次是加工企业数方面，加工水产品的企业已经接近了1万家，加工能力达到将近3000万吨。最后冷链物流方面，我国水产品加工行业已初步建立冷链物流系统，2020年我国冷库库容近1.8亿立方米，冷藏车保有量约28.7万辆，水产加工企业在冻结、冷藏和制冰方面具有天然优势。

三、水产品预制菜发展存在的问题

水产品预制菜行业发展迅速，也存在一些问题：首先是行业普遍存在的问题，归纳为五大类：（1）滋味和风味问题，同质化严重，保真性不足。（2）营养与品质问题，营养不均衡，品质参差不齐。（3）质量安全方面，总体可控，但存在市场焦虑。（4）加工技术方面，存在加工技术落后，生产效率低等问题。（5）生产装备跟不上。这些都是卡脖子的技术问题。

其次是产业链存在的问题，如图7所示，上游原料成本占比大，质量控制难；中游加工企业对菜品口味复原难，风味的再呈现难，以及保真度的问题；下游的冷链物流出现配送能力较弱、范围有限等问题；最后是B端和C端，如何实现跨区域的流通、可持续的发展等。

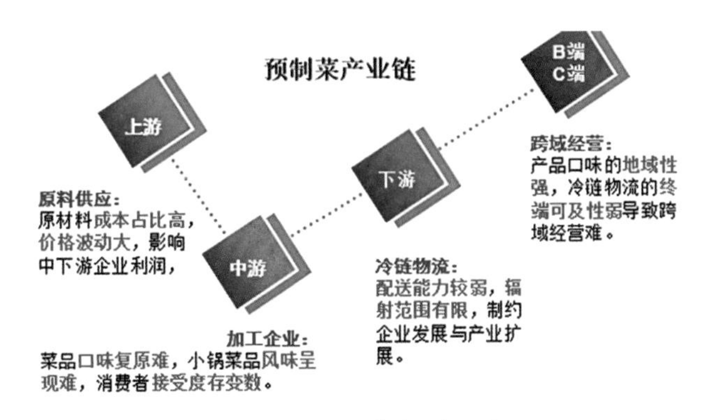

图 7　水产品预制菜产业链示意图

第三是技术方面的问题，有七点：（1）鱼菜品种类多，烹饪工艺复杂，传统烹饪技术“数字化、标准化”难。（2）“机器”代替“人”，“小锅”换“大锅”，菜品的风味和口感复制难。（3）“生产”与“消费”存在时间差与空间差。业界都知晓水产品现做的味道跟放一段时间的味道是不一样的，因此需要针对风味保真进行深入研究。（4）保鲜机理复杂。运输过程中产品存在“走不出、走不远、走不久”的问题。（5）烹饪设备专业化水平低。工业化生产的连续化、自动化、智能化不够完整。（6）产品原料外形结构不规则、得肉率低、易死亡、易腐烂等问题。水产品的预处理、保活保鲜、腥味消除难。水产品，尤其是淡水鱼鱼腥味重，如何消除腥味是一个巨大的问题。（7）加工过程中存在风味形成机理复杂性，质构易变，鱼骨、鱼刺多，以及副产品杂等问题。水产品在质构保持、风味调控、滋味保真，以及副产品的利用方面都要我们加大研发力度。

四、水产品预制菜产业发展趋势及展望

目前水产品预制菜产业的发展趋势有以下几点：（1）水产品预制菜的发展趋势。首先在于安全、营养、味美、特色，更应该做到便捷化、休闲化、零食化和愉悦化。（2）行业格局变化趋势。很多大企业、上市公司都在进入水产预制菜，这一块是很大的趋势。（3）投融资趋势。由于预制菜发展很快，预制菜行业将迎来融资热潮，以前是千万级的，现在都是亿元级的。（4）商业模式趋势。由全产业链模式向大型集团企业与单一爆品并存趋势。（5）产业链趋势。如加工链、供应链与产业链，链链相扣。创新链、产业链和价值链，链链相传。（6）产品质量提升趋势。有八个方面：原料的标准化，营养的搭配科学化和精准化，生产加工数字化与智能化，产品系

列的多样化和个性化，包装的定量化和自动化，品质安全控制的网络化，以及贮存流通的信息化，还有消费食用的便利化和个性化，从这八个方面发展。（7）物流发展趋势。现在预制菜大多数都是冷链，将来可能还要与热链相结合的发展，运输距离越来越长，销售范围越来越广等趋势问题。（8）技术攻关趋势。营养和质构保持加大研发、风味调控、滋味修饰、贮运保鲜、副产品利用，尤其是淡水产品副产品特别多，怎样利用副产品以提高它的附加值是亟待攻克的难关。（9）大数据应用趋势。根据现在大数据的应用和统计学的分析，我们将广泛地应用于预制菜爆品的打造，也为爆品提供了快捷途径。（10）装备开发趋势。我们不能仅仅“小锅”换“大锅”，一定要往专业化、智能化的方向发展，尤其是水产品的精准分割、数控加工与定量包装装备要更加专业与智能。（11）多产业融合发展趋势。我们的水产预制菜将来肯定要跟健康产业、调味料产业、科技服务业，还有其他预制菜的产业，未来的文旅产业、酒店餐饮业，以及包装业等多产业融合发展，这样才可以把水产预制菜行业发展好。

邹小波：
中式自动化中央厨房成套装备研发

个人简介：

邹小波，江苏大学食品与生物工程学院院长，“长江学者”特聘教授。立足食品无损检测技术创新，围绕食品智能化检测与加工开展研究与教学。撰写英文专著 1 本，由 Springer 和科学出版社海内外同时发行，出版专著与教材 5 本。发表 SCI 论文 119 篇，EI 论文 158 篇，中国发明专利 43 件。获国家技术发明二等奖 2 项（第 1 和第 3），教育部技术发明一等奖、江苏省科技一等奖等省部级奖 6 项。

一、研究背景

近年来，消费主体习惯的改变，3R（即烹、即热、即食）预制菜发展迅速，目前我国预制菜的现状是市场大、企业小、劳动密集，而建立科学系统的中式中央厨房是餐饮行业的必然趋势。随着人们生活水平提高和健康意识的提升，“美味和健康”成为大家选择的关键点，人民群众对食品卫生安全的要求也不断提高，发展食品加工过程标准化、机械化、自动化和连续化的中央厨房生产模式是一种全球趋势。我国中央厨房建设虽然起步晚，但市场规模正在迅速发展。目前全国规模以上餐饮企业的产品全部或者部分实现了中央厨房生产。中央厨房将餐饮企业的食品和品牌，从餐厅延伸到了家庭餐桌，渗透到了人们的日常生活当中。

中央厨房现状：（1）中餐的加工装备的自动化低，厨师依赖度高、成本高，且脏乱差，在餐后卫生等一系列问题的影响下，对其进行自动化、信息化改造还需花费很长时间。目前，无声检测技术促进了学校、工厂等大批量的中央厨房的信息化进程。（2）国内中央厨房已经普及到大部分连锁餐饮业，但尚未形成标准化、规模化、集约化和信息化的生产模式。特别是专用装备缺乏，导致“小锅”换“大锅”的现象；

现有的设备自动化低，导致产生人海式的加工；设备之间配套性差，导致厨房放大。因此，自动化中央厨房成套装备的创新和研发亟待突破。同时中央厨房研究目标应该从依靠人工变成数控智能，从脏乱差变成清洁减排，从质低耗能变成升级增效，促进产业的崛起，实现自我的造血。

中央厨房急需攻克难题：中央厨房由食材调理、米饭蒸煮、菜肴烹饪、包装环节以及清洁化生产组成。食材调理，主要解决食材调理装备能耗大、连续化程度低的问题。米饭蒸煮，解决米饭连续化生产与高品质食味、营养之间的矛盾。菜肴烹饪，解决大批量食材工业化加工品质失真的问题。包装环节，要产生自动化精确计量和包装问题。清洁化生产，解决中央厨房各设备之间的有机配套及系统性差的问题。

二、中央厨房概况

中央厨房典型的布局主要有六个区域：预调理装备区、米饭加工区、菜肴加工装备区、包装灭菌区、后厨处理区以及智能配餐区。

三、装备研发

装备研发的技术难点总结成三大矛盾，第一是品质矛盾，高品质风味需求对比大批量米饭供应生产的矛盾。第二是方便矛盾，快节奏市场需求与贮藏安全风险高的矛盾。第三是营养矛盾，多谷物需求与口感差“不同熟”的矛盾。

1. 高效连续化米饭生产关键技术提升、创新与应用

（1）无人智能米饭生产线关键技术与装备，解决了工业化米饭品质低的问题。对于米饭的生产关键技术装备，只需在主机上设置监控外的控制参数，采用温度实时监控，实现工业化米饭的连续生产。

（2）高端无菌包装米饭生产线的关键技术与装备，解决了方便无菌米饭的需求。无菌包装米饭生产线的关键技术可以使米饭在常温下保存一年而不会发霉变质，其主要的生产工艺是经过高温高压的杀菌，将浸泡以后的米在 140℃高温、5 秒钟内高压下灭菌后，经过包装后再煮，煮完后可在常温下销售。

（3）多谷物、全谷物的同煮同熟问题关键技术与装备，满足了市场对营养米饭的需求。全谷物的同煮同熟问题，该技术主要是采用等离子体技术给杂粮打孔，再与

正常的米混合就可以实现同煮同熟。

2. 中式菜肴智能化烹饪关键技术提升、创新与应用

技术难点：中式菜肴的提升，在调理、炒制、炸制、蒸烤都存在一定的问题。

（1）典型预调理装备，如鱼去鳞、去内脏的设备；笋尖切丝装备；清洗清洁设备。这些设备市场需求量大，自动化程度高，高效率低能耗，还能节约人力成本。

（2）开发了基于新型热源的智能化炒制技术与装备，提高了炒菜的品质和效率。炒制设备开发的多锅联动式，左边炒荤菜，右边炒素菜，加快了炒制速度。预制菜制用真空低温的加工设备可以提高菜品的品质。

（3）研制了基于低频静电场技术的智能化炸制技术与装备，提升炸制品质。给连续式油炸，挂糊上浆设备，增加一个低频静电场，可以使油温降低 20℃，减少产生抑制油脂氧化的情况。

（4）开发了基于过热蒸汽技术的智能化蒸烤技术与装备，提升了蒸烤水平。目前我国过热蒸汽的设备主要是电池式，烤鸭可以用过热蒸汽制作，解决了过去完全用热烘法烘制导致的外焦内生的情况，从而达到良好烤制的效果。

3. 四位一体厨余物处理技术提升、创新与应用

技术难点：餐厨剩余物难收集、难破碎、难分离、难利用。

（1）开发了分布式架构的餐厨垃圾收集技术与装备，解决了难收集问题。对于收集难问题，可采用分布式餐厨垃圾设备来解决，通过设置投放层、仿真层、处理层等，实现不同地点的收集。

（2）研发了中央厨房多组分剩余物梯度破碎技术与装备，解决难破碎问题。该设备主要是把餐厨剩余物破碎掉，餐厨剩余物的切割技术是使用两个滚动齿轮，把物料打碎成一定的尺寸，然后再通过管道输送到下一环节。

（3）开发了反刍栓塞流式餐厨垃圾螺旋压榨分离技术与装备，解决难分离的问题。螺旋压榨固液分离，主要分四大部分：收集、粉碎、固液分离和综合利用四位一体来处理餐厨剩余物，分离后的餐厨剩余物可以利用发酵制成蛋白饲料，为加工研究绿色发展提供了支撑。

4. 中式套餐开发关键技术提升、创新与应用

技术难点：套餐无绿叶菜，包装易撒漏，配送环节难控制。

（1）开发了中式快餐盒饭中绿叶菜“保脆护绿”关键技术，结束了热配送快餐盒饭中无绿叶蔬菜的历史。绿叶菜保脆护绿技术，主要通过碳酸氢钠和抗坏血酸钙、氯化钙进行浸泡以及漂烫提出的护脆工艺，可以使菜品由原来 1.5 小时的护脆达到 4 小时。

（2）开发了中式菜肴包装工程化技术与装备，解决易洒漏难题。包装主要针对计量形式来设计包装线，智能打造多工位自动给量包装。

（3）开发了中式套餐配送系统技术与装备，实现全程监控与溯源。配送问题主要是用新的保温技术、保温材料来实现配送，以及开发定点投送、微信点餐等系统来实现配送。

四、中央厨房装备的未来趋势

米饭蒸煮方面，主要是建立米饭的生产数据库，实现多谷物多营养的同煮同熟。食材的烹饪方面，主要是大批量食材高品质同步烹饪实现标准化工艺生产，食材烹饪过程中熟化特性和烹调参数的智能化感知调节还需要进一步研究。包装回收方面，主要是设计产品定量计量系统，投料封装系统，针对不同的材料和不同的形式设计个性化包装。有机的配套系统方面，主要是配餐加工，配送过程中的营养、安全品质、变化规律还不清楚，自动化的生产模式、装备的有机配套问题仍需解决。

张德权：
肉品加工科技进展与趋势

个人简介：

张德权，二级研究员，博士生导师，国家万人计划科技创新领军人才，现任中国农业科学院农产品加工研究所副所长、中国农业科学院农业科技创新工程肉品科学与营养工程创新团队首席科学家、国家肉羊产业技术体系加工研究室主任兼岗位科学家、农业农村部农产品质量安全收贮运管控重点实验室主任。长期从事肉品科学与加工技术研究，在肉品品质评价与智能识别、冷鲜肉智能仓储物流保鲜、营养健康肉制品精准制造领域取得了重要进展。主持国家、省部级项目 30 余项，发表学术论文 240 余篇，授权发明专利 69 件，制修订国际、国家、行业标准 19 项。获国家科技进步二等奖 1 项、省部级一等奖 5 项目，出版著作 6 部，培养博士后、硕博士研究生及外国留学生 91 人。

一、我国当前肉类消费情况

我国是肉类生产和消费的第一大国，肉类工业是食品产业的第一大产业，占食品工业主营业务的 12% 左右。在肉类工业中，我们消费的肉与肉制品与西方国家有所不同。我们常谈要提高我国肉与肉制品的深加工率产品，特别是肉制品的加工量。近 20 年来，我国生鲜肉的比例占比一直在 80% 左右，而肉制品一直维持在 20% 上下。在制品中，中式制品和西式制品的比例由原来的不到 30%，增长到 55%，预计未来仍会继续增加。

二、预制菜时代肉类产业重大需求

1. 保数量

肉类保供是国之大者。众所周知，我国各类农产品、各种食品的加工理论技术最初多靠进口。肉品领域的基础理论技术也大部分是以西式为主，但中式消费和菜肴需求的原料肉不一样，再加上我们的冷链技术也不是很发达，生鲜肉加工贮藏流通过程中的质量损耗和重量损耗超过 8%，这相当于山东省一年的肉类产量。减损就是保供给，所以仓储物流保鲜是重大的技术需求。

2. 保质量

优质肉是产业需要。从原料来说，养殖端养出很好的畜禽，但是屠宰加工之后，如果没有很好的技术措施就不能实现优质，所以要开展优质肉的品质评价与技术研发。

3. 保多样

营养多样是预制菜时代消费需求。开发多样化的美味、健康、营养、绿色产品，满足不同消费群体、不同场景、不同人群的消费需求。

三、立足需求开展的工作

1. 能量代谢酶翻译后修饰控僵直保质理论

畜禽宰杀完之后，从肌肉到肉要经历 4 个阶段：刚屠宰完，动物体是软的，属于僵直前期；放一段时间进入僵直期，是硬的；再放一段时间又变软（成熟期）；再放一段时间成熟过度，微生物滋生繁殖，造成了腐败变质。西方国家提出钙蛋白酶促成熟理论，让肉尽快进入第三阶段成熟期，适合煎炸烤等烹饪加工，而我们研究发现中式烹饪方式下，保持在僵直前这个阶段的肉更适合我们中式的消费习惯。比如广东人炖鸡汤，更希望是刚宰杀的活鸡炖鸡汤，味道更鲜美。我们清蒸鱼，在餐馆里面吃饭，更需要是活鱼宰杀完之后进行清蒸，如果放置一段时间，清蒸出来的味就不太好了。

研究表明，在 0—4℃下猪宰后完全进入僵直期的时间一般是 24 小时。最初基于西式的钙蛋白酶促成熟理论，提出了冷却成熟 24 小时让它进入成熟期，但是这种理论是很难让它保持在僵直前期品质。基于此，我们提出了新的理论体系，利用能量代谢酶翻译后修饰控僵直的理论让它保持在僵直前的品质，满足我们中国饮食的消费需求。该新理论的提出，在肉品领域，个人认为是填补了一个空白。

2. 冷鲜肉精准保鲜数字物流关键技术

冷鲜肉加工贮藏流通过程中，存在货架期短、损耗高、能耗高的问题。我们团队发明了二氧化碳超快速冷却抑制僵直保质技术，研发了活性包装靶向抑菌保鲜技术和数字物流共性关键技术，目前可以使牛肉货架期达到120天，猪肉达到45天，禽肉达到28天。

3. 肉品梯次加工增值技术

我们提出初加工、肉食品的制造、共产物综合利用三个梯次的增值利用技术，把白条变分割、热鲜变冷鲜，实现第一梯次加工，通常增值20%；通过生鲜肉变成预制菜、制品，实现第二个梯次的加工，通常增值50%；让骨血脂变成多糖多肽以及功能性油脂，实现第三个梯次的加工，通常增值5倍以上。这项技术，我们首先在羊肉加工上实现了突破，研创了“精细分级分工—精深高值加工—共产物多元化利用”的技术体系，攻克了羊肉加工技术落后的短板，破解了产业困局，实现了羊肉加工由作坊式生产向工业化标准化跨域。

4. 传统肉制品及肉类菜肴工业化加工技术

我国传统肉制品及肉类菜肴，不管是酱肉、红烧肉、腌腊肉，还是鱼香肉丝等，工业化过程中存在三大突出问题：如何保持传统风味、在工业化加工过程中如何降低危害物、如何实现工业化制造而不是手工制作，针对上述三大问题，我们提出了传统肉制品及肉类菜肴工业化的两条路径：

（1）开发成即食、即热产品路径：传统肉制品工业化后的热链产品。目前已经在产业上有很大的发展，并且形成很好的业态。比如传统酱肉产品的工业化，变成开袋即食的产品，或者说是开袋加热之后马上就能食用的产品。目前我们认为是传统肉制品及肉类菜肴工业化的1.0版。因为1.0版对风味的保持还是有局限性的，比如我们北京烤鸭经过真空包装，开袋再复热，并没有堂食的外焦里嫩和风味的感觉。

（2）即烹、即配食品的工业化路径：传统肉制品工业化后的冷链产品，即预制菜肴，还未完全熟化，风味等品质还未完全发育的菜肴。预制是准备状态，还没有完全成熟的一类菜肴，它是我国传统肉制品以及肉类菜肴工业化的新业态、新产品，比如西贝的功夫菜，目前在行业中已经有很好的市场。

我们承担了农业农村部下发的第一个预制菜的行业标准，就是预制菜肴术语标准。同时，我们正在开展预制肉类菜肴工业化生产，必须要突破新型靶向减菌、风味发育与保持、新型多功能包装、数字冷链仓储物流等四大类关键技术，前两项技术是针对菜肴本身，后两项技术是菜肴以外的包装和物流技术。我们基于“十三五”

传统肉制品工业化重点研发专项，开展了部分菜肴工业化工作，特别是在传统熏烧烤领域，我们提出了风味增益与危害物消减协同的理论和技术体系，并且研发了相关的技术装备，被遴选为国家“十三五”科技创新成就展。

5. 四减、三特营养健康肉制品加工技术

研发出符合我国社会发展阶段的、适合中国人营养需求的、符合中国国民饮食消费习惯和膳食模式的四减（减盐、减糖、减脂、减硝），三特（特定人群、特殊环境、特殊医学用途食品）系列新型营养健康肉制品，满足营养消费需求。目前我们正在开展相关研究，有部分技术产品也进入了市场。

6. 肉品品质评价与智能识别技术

搭建特征品质数字化表征体系和大数据平台，研发特征品质智能化识别技术。种质资源在全世界都是数一数二的，我们有很好的品种，但是并不知道这个品种的品质好在什么地方，更适合做什么样的产品。比如宁夏滩羊，大家都说好，但是好在什么地方？它做成什么样的产品更适合滩羊这种原料，发挥它最大的效益，并不清楚。我们开展这项工作就是为乡村产业振兴、特质农品的培育、三品一标的打造提供技术支撑。

我们主要技术有：

（1）时空和多维品质评价技术：研究在不同地区养殖、不同年龄、不同部位、不同饲料饲喂对肉品品质到底有什么影响，我们建立了基于中式烹饪习惯的 MQ4 品质评价体系和品质评价模型，以期在未来研发在线，或者是现场的品质评价近红外评价设备，应用于我们的产业。

（2）品质的识别技术：确证了基于 β－烯醇化酶、磷酸葡萄糖变位酶等表征肉品质的生物标志物，基于这些生物标志物来对肉品品质的好坏、品种的差别以及来源于不同产地的肉品进行真实性鉴别和识别。研发了基于硫化氢、三甲胺和挥发性盐基氮表征新鲜度的可视化识别技术，让生鲜肉以及肉制品在仓储物流及销售过程中，能够实时在线显示它的新鲜度。研发了基于生物标志物的肉品风味识别技术，主要根据消费者对肉品的感知，通过智能机器人实现智能感知，研发基于机器视觉、听觉、触觉和嗅觉的风味智能识别技术。

四、预制菜时代肉品加工科技重大发展趋势

1. 全产业链深度融合

开展“线上线下销售、体验销售 + 产业旅游 + 冷链物流 + 加工 + 养殖 + 育种”的全产业链融合发展新技术研发，开发生产新产品，实现全产业链深度融合的产业链技术。目前一二三产业的界别越来越模糊。作为预制菜肉品工业，不能仅仅考虑屠宰完后的加工，还要考虑上游的原料品质均不均匀、安全不安全，只有实现一二三产业融合，才能保障这个产业的安全性，这是未来的发展趋势。

2. 营养健康引领消费

营养健康的肉品加工技术将是这个行业迫切需要的。我国 2019 年人均 GDP 突破 1 万美元。有研究表明，当 GDP 超过 1 万美金之后，消费者关注度将在营养健康上。所以预制菜潮流下肉与肉制品技术的开发也应该是营养健康导向型的技术，才能更好满足不同人群个性化的需求，保障人民生命健康。

3. 无人工厂成为新业态

机器代人也将是这个行业的必然趋势（图 1）。从 2010 年开始，我们国家的劳动力人口每年减少 1000 万，预计到 2050 年我们国家将完全进入深度老龄化社会，未来谁来从事这个行业？招工难已成普遍现象。很显然机器智能制造、智能化的设备将是一个很好的替代。

图 1　无人车间示意图

4. 细胞工厂备受青睐

现在细胞培养肉、蛋白质生物合成（图 2）[1]、淀粉的生物合成，包括食品添加剂的食物合成都是一个热点。我们肉与肉制品的生产，除了传统的畜牧业来源之外，我们国家每年还要大量进口肉，我们传统方式生产出来的肉不足以满足我们国民消费，因此需要向植物微生物要蛋白、要能量。细胞工厂是非地球生境下蛋白质供应

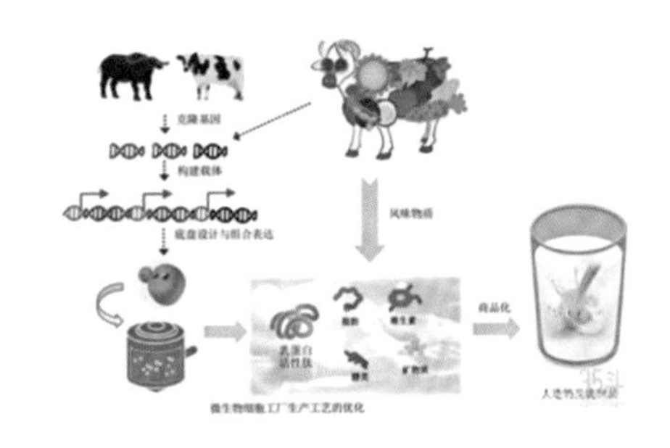

图 2　细胞工厂生物合成蛋白质

[1] 周正富，庞雨，张维，王劲，燕永亮，郑迎迎，陈敏，廖志华，林敏．乳蛋白重组表达与人造奶生物合成：全球专利分析与技术发展趋势 [J]. 合成生物学，2021，2(5)：764-777，doi：10.12211/2096-8280.2021-057.

的科学和有益探索，也是地球生境下解决蛋白质短缺的有效和有益补充。

5. 绿色制造助力双碳目标

肉品加工行业在屠宰环节、制品加工环节，能耗很高。与国外先进水平相比，通常高 10 个百分点以上。如何实现绿色低碳制造，对于助力碳达峰、碳中和也是一个重要的需求。

6. 科技赋能产业升级

科技赋能产业升级，是这个产业迫切需要的。通常认为一个创新国家的指标应该是 R&D（科学研究与试验发展）达到 2.5，我们国家 2021 年 R&D 达到 2.44。在我们农产品加工，或者是肉品工业领域，R&D 到底是多少呢？我国农产品加工业全社会研发投入强度只有 0.6，我们耳熟能详的几个科技型企业，或者是创新型模式很好的几家企业，他的研发投入都不高，大北农高一些，超过了 2.5％。温氏，大家都认为温氏是一种很好的模式，目前也不到 1％，牧原也只有 0.73％，这是从网上查到的他们的数据。企业作为创新的主体，研发投入还远远不足。所以这个行业目前还处在模仿创新、集成创新、引进消化吸收再创新的阶段，原始创新不足，未来急需加大创新投入，不管是政府还是社会各界，加大对这个行业的投入，提升它的创新能力，才能实现 0 到 1 的突破。

徐宝才：
预制菜产业现状与发展分析

个人简介：

徐宝才，现任合肥工业大学食品与生物工程学院院长，肉品加工与质量控制国家重点实验室主任，农产品生物化工教育部工程研究中心主任。长期坚持一线教学和实践育人工作，主持承担了食品科学与工程国家级一流本科专业建设、教育部新工科研究与实践项目。从事肉品科学、肉品加工及质量安全控制技术研究，主持承担了国家“十二五”科技支撑计划课题、“973计划”课题、国家自然基金、国家“十三五”重点研发计划项目、国家“十四五”重点研发计划课题、安徽省科技重大专项定向委托项目等科研项目。发表科技论文100余篇，获发明专利20余项，制定了肉制品相关国家/行业标准10余项，开发20余种新产品新技术。

一、预制菜产业发展现状

随着懒人经济、单身经济等新形势新常态不断涌现，我国居民家庭越来越依赖食物工业化生产和社会化供应，预制菜迎来了快速发展的历史时机。预制菜产业迅速发展的驱动因素主要来自商业端（B端）和消费端（C端），B端要降本提效率，C端追求便捷美味，使得预制菜产业遍地开花。同时，也带动许多产业链的发展，如传统预制菜企业、速冻企业、农林牧渔企业、生鲜零售平台、餐饮中央厨房、餐饮供应链平台。

日本、美国等国家的预制菜产业已经具备较为成熟的市场，且远远走在了前面。目前，我国预制菜产业发展迅速，规模逐渐壮大，预测2023年将超过5000亿元，2025年将超过万亿。我国预制菜企业的特征是数量多、规模小，缺乏脱颖而出的具有统治力的龙头企业。

我国预制菜产业链分析：产业链上游以基础农产品为主，故以具备先天优势的农业企业为主。产业链中游生产环节多样，盈利能力具有明显分化。主要涉及专业预制菜厂商（含速冻食品商）、餐饮企业自建央厨、上游农业企业、部分零售型企业等。产业链下游是消费市场及餐饮市场，“B端餐企工业化升级需求+C端新鲜和健康的饮食习惯+新零售模式”三重共振。中国预制菜市场正处快速增长阶段，其中，B端市场与C端市场占比约为8：2。

预制菜产业的发展也面临着诸多挑战：（1）产品定义不清晰，分类不明确，标准不统一。（2）部分产品的口感与风味复原难度大，标准化生产难。（3）冷链物流配送能力制约行业发展，难以突破区域限制。（4）监管制度不全，食品安全风险不容乐观。（5）预制菜营养均衡搭配与个性化营养设计缺乏。

预制菜产业发展趋势：（1）产品不断升级迭代，产品形态日益多样化，肉制品是预制菜主要品种。（2）营销多元化，线上线下同时布局。新媒体营销平台崛起，助力产品高效且精准触达用户。（3）从注重渠道逐步转化为注重品牌建设。（4）上中下游产业链广泛布局，行业集中度不高。

二、预制肉制品加工贮藏关键技术及产业化

1. 预制肉制品行业现状

肉类工业是我国第一大食品产业，占食品工业总产值的12%左右，同时也是中共中央关心、社会关注、人民关切的热点和难点。

预制肉制品因其食用方便、美味和营养，成为肉类工业新的经济增长点，占总产值的20%左右。预制肉品作为预制菜中必不可少的一部分，肉品产业发展迅速，但目前仍然存在一些问题，如加工贮藏品质劣变大、危害物防控难、生产效率低、质量不稳定等关键问题，严重制约了预制肉品行业健康发展。

2. 预制肉的技术创新

（1）预制肉制品高效腌制、冷冻及多维协同锁鲜技术

无磷高效腌制技术。肉品在加工过程中通常需要经过腌制工序达到入味效果。我们研究了肉品腌制过程中持水机制，以探究能较好保持肉品品质的腌制技术，研创出无磷低钠高效腌制技术。该技术突破了传统磷酸盐腌制方法，减少预制肉制品汁液流失45%以上，钠盐含量降低10%，更好地保持了产品的多汁性和营养特性。

高效冷冻关键技术。冷链储运是预制肉制品生产到消费过程中的重要环节。研究肉制品冻融失水机制，揭示预制肉制品冻融诱导肌纤维机械损伤、肌肉蛋白降解与氧化交联，以及不易流动水向自由水转换的失水机制，得到高效冷冻肉制品的关键技术。

多维协同锁鲜技术。针对肉品储藏过程中会发生氧化劣变，研究氧化劣变机制，揭示预制肉制品脂质、蛋白活性氧化物质双向传导的共氧化行为。构建脂质、蛋白氧化与品质劣变的典型相关和广义线性混合模型，阐明氧化诱导品质劣变机制，研制出多维协同锁鲜技术，科学提高预制肉制品货架期（图 1）。

（2）预制肉制品安全预制与有害菌精准控制关键技术

围绕安全性的问题，阐明预制肉制品预制过程还原糖、氨基酸和脂肪酸的氧化、裂解及分子重排生成典型危害物的反应机理，揭示多酚类植物提取物清除自由基，以及乳酸钾替代盐、pH 值调控美拉德反应的危害物阻断机制，在此基础上研发出安全预制关键技术，控制化学危害物的生成量。

通过探究有害菌的消长规律，阐明了预制肉制品加工贮藏期内 428 个属的细菌动态变化，确定肠杆菌等为特定腐败有害菌；明确出原料肉、腌制、预制、速冻（速冷）及冻藏（冰鲜）5 个关键控制点，在此基础上研发出有害菌精准控制关键技术，实现对有害菌的有效防控（图 2）。

（3）预制肉制品自动化生产线及数字物流体系

通过研发关键装备，包括原料预处理和雾化烟熏等自动化加工关键设备，能够有效保障产品质量安全，同时实现高效、节能和环境保护。创建了“原料—腌制调味—预制加工—连续包装—贴标速冻（速冷）—冻藏（冰鲜）”自动化生产线，效率提高 30% 以上，吨产品能耗和水耗分别降低 25% 和 50% 以上；构建了“贮藏—运输一销售一追溯”的一体化数字物流体系，实现了产品的恒温冷链物流、精细化管理和信息可追溯；制定、修订国家标准、行业、企业标准 19 项，健全了集原料、加工、物流于一体的标准体系；开发出速冻、冰鲜系列新产品 130 种，实现产业化。

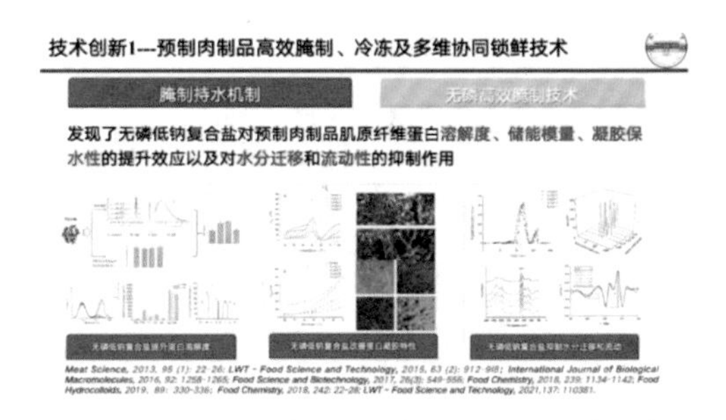

图 1　预制肉制品高效腌制、冷冻及多维协同锁鲜技术

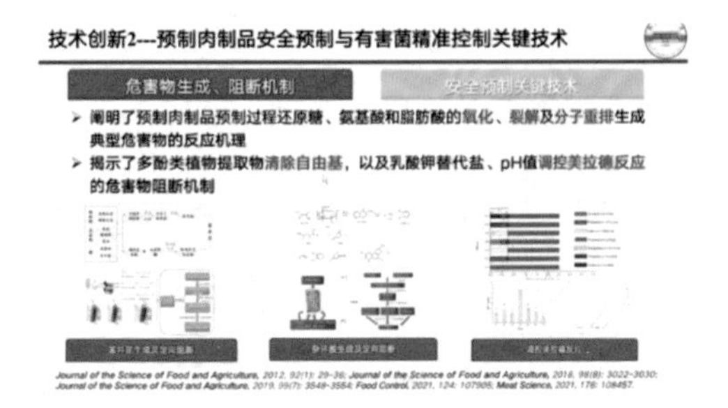

图 2　预制肉制品安全预制与有害菌精准控制关键技术

EXPLORATION & PRACTICE

探索实践 叁

周其仁：
预制菜策源地广东，“热发展”中如何推动“冷思考”

个人简介：

北京大学国家发展研究院经济学教授。

预制菜产业正在预见一个历史性食品行业变革的诞生。

看似平常的一批加工菜品背后，是一个深不可测的商业海洋。

广东作为预制菜策源地之一，正在引领风气之先——成立省级联席会议制度，出台省“菜十条”，创建 11 个省级预制菜产业园，成立省级预制菜产业联合研究院，设立预制菜产业发展投资基金……不仅如此，2022 年 7 月，在佛山市顺德区举办预制菜院士论坛，十大院士为预制菜的质量、安全、营养等发展方向把关，为制度、标准、人才的提升出谋划策，受到国内业界高度关注。

受广东省农业农村厅邀请，著名经济学家、北京大学国家发展研究院周其仁教授走进预制菜策源地广东，深入佛山、肇庆、广州南沙和海珠等地方企业调研，与政府及企业代表面对面，为预制菜全产业链把脉，分析要害、抓住规律、框定机理、升华经验。

在广东预制菜产业高质量发展调研座谈会上，广东省农业农村厅分管负责人在主持会议时表示：在行业“热发展”之时，尤其需要“冷观察”“冷思考”，务必客观理性、冷静淡定。

要避免一哄而上，行业踩踏；

要避免泥沙俱下，坏了好“汤”；

要避免链条短缺，联动失灵；

要避免急功近利，后继无力。

要把质量安全作为底线，夯实发展底座；

要把市场挺在前沿，以需求引领生产；

要不忘联农带农初心，以乡村振兴作为出发点；

要科学谋划，不急不躁，步履扎实，一步一个脚印，行稳致远。

…………

千军万马冲进来，一个产业迅速从蓝海杀成红海

产业火不等于公司火，要准备打硬仗

各界追捧某产业的好处，是其产业规模可迅速扩大。但代价是，预制菜本身行业技术壁垒不高，窗户一点破，千军万马冲进来。一哄而上，良莠不齐，有时候甚至劣币驱逐良币。一个产业迅速从蓝海杀成红海，企业从有希望变成没希望。

中国市场是天底下最容易把蓝海变成红海的地方。曾经我们因为计划经济物资短缺，都是从生产角度去研究，就形成了这种惯性。只要有需求，产品都能迅速生产制造出来。这也导致中国这些年经济的特点，是高速增长却损耗极大。

我相信没有企业喜欢红海，但是谁也摆脱不了迅速成为红海的现实。所以现在就

周其仁到企业进行调研

要开始预防，准备打硬仗，如果未来蓝海变成了红海，我们能否从红海里再杀出一片蓝海，留下一批好公司。

产业火不等于公司火。政府和投资者的行为很难改变，但企业要掌握策略。预制菜的大概念对了，不等于产品就对了。要借新概念把企业的核心竞争力加强，把核心技能延伸到这个新概念里头去。而不要认为有了预制菜这个概念，产业就可以自动发展。

千万要注意，在好时期企业就要把品质的壁垒竖起来。品类是公共的，依靠预制菜这个品类来保护企业靠不住，还是要靠企业自己拥有好的产品。消费者看的是产品，不是产业。不能说因为是预制菜，就一定比外卖好，消费者就一定会买。

要研究消费行为，建立客户链
聚焦用户，攻占消费者心智结构

什么人在吃预制菜?

不管是 To B 还是 To C，最终所有生意都是做 C 端的生意。要紧紧抓住对预制菜敏感的消费群体，深入研究并理解其消费行为。在产业发展早期，尽可能捕捉到能够帮助判断未来趋势的信息。

对客户的研究程度要超过你的竞争对手。企业除了在技术、管理、研发等方面投入，还需要投入精力来研究消费者，特别是对年轻消费群体的研究。第一步要熟悉、适应其消费习惯和消费行为；第二步要融入其中；第三步才是逐渐改变其消费行为，达到教育消费者的目的。

我们到世界美食之都——佛山顺德的品珍鲜活调研，他们做预制菜很花心思。他们说自己的定位就是服务 20—50 岁年龄段的消费者。目前，很多企业都是从生产、技术、管理等方面想问题，当然这些是必要条件，但还要在消费习惯、消费心智、消费行为上下硬功夫。企业能掌握到最终消费者，掌握什么东西卖给谁，什么东西能卖得好，这才是最高的本事。

另外，企业不要急于进军，要先占领消费者的心智结构。企业往往存在一个问题，就是自己看自己很清晰，但其实消费者看不见你。专业术语叫心智结构里装不下你。

比如在饭店里卖铁盒包装，撕开加热的罐头，被消费者吐槽，认为“在门店里还吃罐头”。所以企业就要好好考虑，在门店吃罐头和在家吃罐头是否存在不同? 如果有附加价值，那也是可为的。罐头可以有，但要考虑加什么、怎么组合，消费者才能接受，觉得对自己有价值，这是难点。

你的产品装不进消费者的心智结构，所有投入都存在很大风险，讲无数的细节指标都没用，消费者听了也记不住。

再者，消费者的记忆是可以延伸的。广州酒家的经验值得好好研究。为什么有消费者会认为广州酒家的饭好吃，月饼也好吃，其中的联想是怎么建立的？因为广州酒家这类信息储存量已经装进消费者的心智结构里了。

同样道理，如果顺峰饮食卖得便宜，人们就会怀疑这还是顺峰的饮食吗？所以像这类企业，还是要坚守定位，不能因为要走大众路线，就大卖便宜货。你的好东西、贵东西还是得往消费者心里装，急于开拓新市场，就会分散消费者的注意力。

预制菜产业，目前正在建立供应链，下一步就要建立起客户链。

商业就是一个个链条组合在一起的生态链。在商业上想问题，最难的就是从客户角度出发。大部分消费者不是美食家也不是专家，他们就是普通人。所有产品到最后都是卖给消费者，没有人买单就是浪费。要研究客户的心智结构和消费习惯，以及怎么吸收信息，还有消费者之间的影响链条。

所以，要从日常生活当中去捕捉消费潮流和消费习惯的变动。要记住符合客户需求和习惯的才是好产品。

此外，建议企业在做预制菜时，如果消费者对你的第一印象还没有建立，一定要考虑专精特新，专注于细分领域的特定产品。

怎么才能吸引客户买单？

一方面要靠产品的营养成分等这类客观物理特性，另一方面就是主观指标，如消费者的记忆、产品色彩、产品与某些故事的连接、情感文化价值等。这些都可以构成抓住消费者的力量，客观和主观两个维度加在一起才具有致命吸引力。

聚焦好产品，构筑“护城河”

难就是“护城河”。难，别人就杀不进来

在调研中，企业说现在挺难的，怎么办？但其实，难就是“护城河”。难，别人就杀不进来。

企业要在目标客户、潜在客户下功夫，通过对产品的提升完善来建立自己的“护城河”。在这些问题上抓得越细，你的“护城河”就越深，别人就越难进来。

预制菜企业的产品要足够出众，没有特色很容易被赶超。消费者花钱购买的是产品体验，追求的是在时间、金钱等约束下的最大享受。

怎样能让消费者获得最大享受？要从产品本身入手。广东中厨食品的负责人比较明白这一点。他认为产品力 + 商业模式，是决定一个预制菜企业和品牌能否生存和发展的关键。我比较认同这一点。产品力就是产品的风味、口味、质量、安全，甚至包装设计等。例如肇庆的振业水产，把碗、料包、植物油灯、筷子、湿巾等这些附加物都放到了烤鱼的包装里面，这就是对产品的一个小创新。

创新的同时，还要注重保护。现在有不少仿制品以假乱真，于是就出现了一种测基因技术来进行真假鉴定，在产品中加一两种很特定的元素用以防伪。

未来，预制菜大规模发展，可能会让消费者分不清真假产品，这也可能导致预制菜整个行业的信誉下降。假产品对行业未来造成的损失不可估量，因此要重视品牌和创新保护。

为了避免企业在产品创新研发过程中出现技术难题，企业要掌握先进技术，也就是拥有技术可得性。所谓的高科技都是高分工，搞不懂的细节就要自己想办法，由近而远地下功夫。正如先和学生打交道，通过学生认识学生的老师，再通过老师接触老师的老师……一层一层向上讨教，触摸到行业的技术制高点。越聚焦前沿，就越能打开思路，视野也会不一样。

例如调研企业中的肇庆伦太太，在做龟苓膏预制菜。龟苓膏这种传统街边小吃，要想升级为现代化、规模化、工业化产品，传统配方和现代科技缺一不可。配方是产品的“护城河”，但是中国传统里面还有很多当年无法突破的技术短板，那就需要用现在的制造技术和科学知识补齐。

当然，创新也要守旧。在追求创新的同时，也要研究耐用耐看、经久不衰的产品。例如可口可乐、香奈儿 5 号，100 多年品牌效应深入人心。为什么有的产品能成为经典，大小、颜色、款式、配方都不变，而有的所谓“爆款”仅仅几年就销声匿迹，要好好领悟这里面的道理。

在房间里推逻辑是推不出来的，一定要研究策略、研究办法、研究经验。尤其是要好好研究广东的经验，观察别人怎么“游”。

我很欣赏一句英语——“Don't teach fish to swim”，不要去教鱼游泳，但是可以去观察鱼怎么游泳，去比较鱼和鱼之间游泳有什么不同。做企业也是这样，多观察别人是怎样“无心插柳柳成荫”的，多个角度学习别人的优秀经验，从中得到启发，寻求帮助，进行提炼总结，再回头把自己的事做好。

关注复购率，找准发力点

寻找“第三个口”，组成“航空母舰”

未来如果想从红海中杀出一片蓝海，企业就要提高持续性，走健康持久之路。一方面要在产品还原度上下功夫，研究食品怎么吃才能不腻；另外一方面要重视复购率，衡量一个产品的市场规模，不仅是有多少人去买，更重要的是回购的频次。

妈妈做的菜，可能并没有多么好吃，但总是念念不忘，这是因为从小吃起，先入为主。那么企业也可以借鉴这个思路，研究怎么样抓住客户的心，有复购率，这很关键。

预制菜其实以前就有，但现在概念开始集中，内涵也丰富了，并且逐步产业化。每一个产业的兴起都会涌入大量的竞争者，分工链条一旦拉长，进入的公司越多，就越容易形成内卷。

我们在调研时发现，有些企业一二三产业都想布局，形成多个攻击点。但这样反而分散了精力，不如集中兵力先建立第一个支点。这个支点越可靠，你将来支撑的东西会越多。企业能把一件事干得非常好，人家就有理由相信你。所以要先创造一个支点，评估公司的特质能否把这个事情做好。

找到支点以后，下一步就是持续发挥优势，扩大风口。一个简单的订单，浓缩着整个商业后端。每一个长项领域的积累都来之不易，与其分散发力，形成多个攻击点，不如坚定一个产业、一条道路，积累本事，逐渐撬动整个市场。

食品行业有时会面临一种现象，真东西斗不过假东西，好东西斗不过坏东西。要让消费者相信企业生产出来的是好东西，比企业生产好东西本身还难。

品牌的品，由三个口组成。厂家说产品好，这是第一个口；消费者购买产品以后的口口相传，这是第二个口；完全不相干的人说好，这是第三个口，也是最难突破的一个口。

第三个口也叫“意见领袖”。企业要想让消费者相信你的产品是真东西、好东西，可以适当寻求第三个口的帮助。先研究目标客户受谁影响，再找准目标，影响那些能影响目标客户的人。第三个口的影响力越大，企业就越能成功。

预制菜市场存在各种各样的风险，这需要企业组建生产商、客户和品牌之间强有力的产业联盟。它会形成像“航空母舰”般的团队，去抵抗风险，增加产业发展的可靠性，而不至于一有风吹草动就被吹散。这是行业的生态问题，不是单个工厂，也不是单个产业，是若干主体之间的连接。

做“隐形冠军”，深藏“功与名”

有时候“笨”一点，会走得长久一点

我们在肇庆得宝调研时了解到，这家公司与客户之间存在明显分工。得宝在背后为客户生产并提供产品，客户面向消费者打出自己的品牌，跟生产制造商无关。包括像广州绿城也是，为一些知名餐饮机构做半成品加工，不做渠道的事，只做专业制造，不同企业之间组成一个链条来做生意，这是很好的经营策略。像这类生产预制食品的企业，就像“隐形冠军”，隐藏在幕后“深藏功与名”。

在调研中，我们发现有些“隐形冠军”未来具有截然不同的战略规划。有一些说他们将继续专注于生产供应端，专业的人就一直做专业的事；另外一些则蠢蠢欲动，打算兼顾 B 端与 C 端，想要冲向一个全新的领域。

隐形冠军的企业发展之路怎么走？如果从幕后到前台，如何把握？其必要性有多大？

“隐形冠军”要走到前台，是非常具有挑战性的一步。是否要下这个决心，要根据每个企业自身的资质和战略需求。我认为要入局不一定要直接 To C，专心做好 B 端的“隐形英雄”也可以做好预制菜。

有人认为，餐饮业的 B 端和 C 端差异非常大，两者的对象不同，同时做 B 端供应和 C 端销售并不会对现有的市场格局造成影响。但其实这个逻辑是错误的，原本专业做 B 端的企业转向 C 端市场，就是迈入和原来 C 端企业竞争生意的行列里去了。C 端会认为这是在抢夺他的客户、他的地盘。他会不会继续全心全意依靠你，还是换一个供应商？因为他担心未来会被现在的供应商挤出局。

此外，有些人觉得企业转型扩张可以提升利润。要注意，利润可以分为两个概念，一个是利润率，一个是利润量。

举个例子，专业做代工厂的富士康利润率不高，但利润量非常大。这两个概念要进行区分，在企业扩张前做好战略规划才能笑到最后。富士康一直隐形在幕后，也做到相当大的规模。

天下的事情都是有两面性的，有机遇就有风险。所以企业在扩张、转型时要想清楚，有时是不能动“凡心”的，反而死心眼才能把事情做到极致。想清楚了再开这一枪，不要还没有做好规划、都没准备好就开枪，反而令自己落入进退维谷的境地，两头不是人。

有时候“笨”一点，会走得长久一点。另外，B 端和 C 端的面向对象、管理模式、经营理念都完全不同，其中的管理跨度是非常大的。如果专业做 B 端的企业要直接杀

到C端，将面临另外一套经营模式，其中蕴藏着巨大的挑战。

当然，这条路不是完全不可行，认真研究战略发展规划，也有杀出红海的可能性。

聚焦市场，外销内销都要赢

做最好的东西，一定要在最大的市场里下手

我们在调研时也了解到，很多企业都看中了预制菜这个新商机，想要入局。但要怎样迅速抢占，这里面既有投资问题也有技术问题。

阿里有一个犀牛工厂，可以把一个单子迅速变成大批量供货，7天内形成千万级别的供应能力。企业要好好思考，我们是否也可以?

中国市场很大，一个新产品开发有可能是自己的，但收益是别人的。企业必须要具备迅速形成大规模制造和供货的能力，在全国乃至全世界范围内铺设网点。

真要做最好的东西，一定要在最大的市场里下手，在足够大的市场寻找客户。把规模经济发挥到极致，这是今天工业制造的定律。

工业革命之后，工厂技术普及，人们学会了大批量制造。在过去把同样东西做成大批量是不可能的，但现在工厂技术可以做到。前期是要有市场，不然再有本事也做不下去。工厂技术、大规模制造技术是行业发展的支撑条件，所以不管是做贸易起家还是做平台起家，一定要研究这些。

而且食品工厂是很特别的工厂。有冷链，还要冻结复原味道、口感不能变差等，其中涉及很多技术。企业学会这些技术实现批量规模生产。这样一个大厦系统，要应用到预制菜领域中。

但是要注意，如果原材料不够量就不做。原材料不够，会导致学习的人有时间来追，而自己没有时间领跑。食材规模实际上是一个潜在变量，在哪采购，在哪研发，在哪生产。海底捞和西贝为什么能做好?因为他们的基本食材是羊肉，而中国北方有很多大草原，食材资源丰富，品质也比较整齐，所以在原材料供应上有保证。

好产品应为人类造。内销市场要做规模化，外销市场同样要走出去。2022年国内的营商环境和消费环境都不是很好，但是海外市场不错，那么企业就要抓住机遇，短期内可以延缓在国内开展业务，适当转向海外，把实力做到一定程度，等到具备短时间内强大供货能力的时候，再选择最佳战机，进军国内市场。

怎么选择合适的海外市场?以东盟国家为例，因为跟欧洲融合得早，这些国家的消费习惯和生活素质在某些方面很超前。虽然基本不在家里吃饭，但非常重视厨房卫

生和整洁。每个国家的消费习惯不一样，因此国内预制菜想要走出去，一定要想清楚到底做哪一个市场或者要出口哪一个国家。

我了解到广东海润正在韩国、日本、澳洲等一些海外地区设厂，这是一个思路。另外就是可以从华侨发力，现在很多企业做华人生意、做出国旅行人的生意，有些做得比较成功。

过去我们总有一个刻板印象：中国人中国胃，只有中国人爱吃中餐。但事实证明，中餐已经打入了外国人的心智结构。所以不要因为我是中餐产品，是中国企业，就只紧盯着中国市场，其实中餐也完全可以做全球市场。经济思路要打开，视野要长远。

中国企业想做海外生意，是有成本优势的。因为我们“后发”，产品物美价廉。但尽管这个生意很好做，很成熟，很容易上手，也很容易高速发展，但一旦过了拐点后就不可持续，容易产生逆差。

这时候出口企业就要面临产业转型，重新布局。我们去肇庆中业水产调研，这类企业有一个杀手锏，过去出口发达国家的产品，在质量和品控方面比国内更胜一筹，能够很好地契合国内消费升级的要求。如果能用技术升级补齐短板，未来想必大有可为。

重视金字塔底层消费市场，高端产品也要有亲和力

用预制菜承载传统文化走出去

人类发展规律是富裕起来以后，文化占比权重越来越高。比如美国的产业成为世界第一大经济体之后，它有一个长处，就是把给贵族的东西做成普通人也能享受。

企业要学一个本事，就是怎样把好的东西，让越来越多的人能享受到。只有让更多人有了好的享受，他们才会有动力去好好做事；只有让更多人得到高端享受，才会激励他们创造更高端的享受给别人，这是其中一个规律。

所以高端产品从现代意义上来看，它应该有更丰富的内容，让越来越多的消费者了解并能够品尝。如非遗，不光中国人说它好，外国人也心向往之，这就是文化的厉害之处。

预制菜能否与中国传统文化相结合？以调研的广州拾三食品生产的燕窝为例，燕窝并不是中国的东西，是国外的，但是里面有一种汤文化，很契合中国文化内敛不张扬的特点。那么是否可以用汤承载更多的中国传统文化走出去？例如汤可以变成“世界汤”，可以不仅是一道正式菜，也可以变成餐后甜品，再加以改造变成饮料，跟现在的生活节奏相匹配，这种可能性也完全可以实现。

文明最后是互相借鉴和融合，且一定要跟当代生活有关联，才容易被别的文明理解，才容易传承。

现在很多年轻人喜欢喝奶茶，一些奶茶店的队伍排到半夜。那么能否尝试把各种各样的羹与这些现代元素融合？让已有品类从年轻人感兴趣的角度切入。

时代不同，人的消费观念也就随之不同。新一代年轻人接收的信息具有全球化特征，会形成一套独立的思维方式。所以要从新角度出发，探索文化与当下高质量产品的融合，让预制菜以亲和力迈向更广阔的市场。

要反向作业，要防范风险

要统筹引导，热的时候要冷一点

现在预制菜产业正在大张旗鼓地发展，地方政府一定要好好观察市场，反向作业，冷的时候热一点，热的时候要冷一点。市场缺什么，才去补充什么。否则，潮水一退，就会造成资源的浪费。

政府引导方向没错，但不要让方向束缚了自己和企业的手脚。政府发一个号召，底下会有很多企业搭便车。搭便车到底是好是坏？要辩证地分析。

很多事情不是发规划和文件就能够做出来，比如珠三角怎么会冒出这么多制造业，并没有人规划。要多学习别人是怎样“无心插柳柳成荫”的。换句话说，想教别人游泳，就得先准备足够的水，否则就算人家会游泳也没办法游。相反，你把水引下去了，会游的自然就会游，改革的步子也就能走起来。

地方政府一定要发挥好统筹作用。每个预制菜产业园、每个地市、每家企业现在都要发展预制菜，但要有规划，不能拍脑袋就上，要形成广东预制菜总体的规划与布局。

比如我们调研时，有企业建议大家分工合作，每个地方做好专精特新的东西，是有道理的。预制菜相关主体确实要各取所长、差异化发展。否则，大家一窝蜂上，同质化竞争，就导致赚不到钱了，打成平手，这符合经济学现象，充分竞争下利润为 0，都是热闹。

此外，也要留心防范未来风险。作为食品产业，食品安全一定要引起高度重视，尤其要发挥好监管部门的作用。现在宣传得有多热，反过来出问题时风险就会有多大。一旦出问题，舆论可不会冷静地去做科学分析，到时辛辛苦苦发展起来的产业就容易被抹杀。

广东农业干部五讲预制菜

第一讲
在预制菜院士峰会上的致辞

尊敬的各位院士，各位嘉宾，女士们、先生们、朋友们，大家好！

今天我们齐聚“世界美食之都”佛山顺德，举办“中国预制食品产业创新高峰论坛”。这是一次特别的盛会，特别的日子，特别的嘉宾，特别的事情，特别的高兴。尤为特别的是，有十位食品界的院士参加了本次论坛，此时此地，星光灿烂。在此我代表广东预制菜产业高质量发展工作联席会议办公室，对十位院士表示特别的感谢！

顺德是中国工业百强区首强，是“世界美食之都”。“食在广州、厨出凤城”，“凤城”就是指顺德，是广府粤菜的发祥地。顺德，美食文化强，工业理念强，产业基础强，市场基因强。在顺德举办创新论坛，一定会顺风、顺水、顺德。

或许有人认为，预制菜就是一道菜。预制菜实质是一场变革，是一场三产融合的“农业革命”；是一场从家庭手工作坊到现代餐食大工业的“厨房革命”；是90后、00后当家作主，成为社会主体、消费主流后，同时老龄化浩浩荡荡时，一场势不可挡的餐饮方式、餐饮文化的深刻变革。谁，及时站在预制菜的风口，谁就抓住了年轻人的胃，就占领了年轻人的心；谁就帮了长者的忙，就顺了长者的意；谁，就走进了新时代。

“衣、食、住、行”迭代催生的产业革命从未停止。从世代慈母的“临行密密缝”，到现代流水线量产的西装革履；从草屋、砖房，到高楼、大厦；从轿子、马车，到高铁、飞机，再到正在走来的无人驾驶——“衣、住、行”一次一次迭代变革。唯独“食”的变革，“食古不化”，创新不多。

预制菜横空出世，必将深刻改变这一格局。以百亿元级单品烤鱼、酸菜鱼为例，鲜活罗非鱼3—5元一斤，成为烤鱼、酸菜鱼之后，立马变身四五十元每斤，利润空间超过绝大部分相关产品。

最近，预制菜罕见出现产能短缺。广东的预制菜企业唐顺兴，产品供不应求，而又来不及扩建厂房，公司出钱给员工到外面租房子，把员工宿舍腾出来，改造成为生产车间。

一位基层干部告诉我：过去一条鲜活罗非鱼没税可收，今天的一条罗非烤鱼，可缴税 0.98 元。从农民到市民，从企业到政府，从粮食安全、食品安全，到能源安全，推进乡村振兴，打造健康中国。预制菜链条上的所有参与者以及所涉及的所有领域都从中受益。

预制菜产业的重大意义，将在高质量发展中不断显现。潮起珠江，改革开放发源地——广东，正在用“工业锅”炒“农业菜”。2022 年以来，广东预制菜多项工作，一马当先：第一个把预制菜写进党代会报告；第一个出台“菜十条”；第一个建立省级联席会议制度；创建 11 个省级预制菜产业园；成立联合研究院；组建产业投资基金；制订并发布系列行业标准；目前正在筹办产业发展大会。广东是一个出经验的地方，广东预制菜行业全体同仁将积极作为，为中国预制菜产业的发展提供广东经验。

今天十位院士齐聚广东，我们特别希望能得到“最强大脑”的支持帮助：支持提高产业认知；支持把握产业路径；支持制定标准，保障质量、保障营养；支持科研攻关，出精品、出爆款；支持解决技术难点、痛点；支持构建人才梯队；支持塑造产业文化；支持打造广东样板模式；支持广东建立全球预制菜高地！

我们希望院士们与广东预制菜产业园结对子，构建常态化、规范化指导支持的机制、平台，支持把粤菜师傅的好手艺，变成预制菜的精工艺，打造舌尖上的美味和舌尖上的健康。相信，有“最强大脑”的鼎力支持，广东预制菜一定香飘世界，中国的美食文化也必将因为工业化、现代化而惊艳新时代。

最后，祝论坛取得圆满成功！祝各位院士、各位嘉宾身体健康，工作顺利！谢谢大家！

第二讲
平和面对“成长的烦恼”，构建产业闭环

各位嘉宾，大家好！很高兴今天来到这里，参加由京东主办的“2022 年广东预制菜产业上行发布会”。在此，我代表广东预制菜产业高质量发展工作联席会议办公室，对活动的举办表示热烈祝贺。

最近，广东天气火热，广东预制菜概念更火更热。多地政府争相布局，许多企业纷纷入局，预制菜赛道火力全开。这种火热的产业盛况，成为经济复苏背景中的亮色。作为广东预制菜行业的关切者与推动者之一，我有三方面思考，借此机会，和大家交流和请教。

第一，新时代新需求新技术，是预制菜高光登场的内生动力。

预制菜为什么这么热?

预制菜的火热得益于两大力量：一是市场力量，二是技术力量。市场的力量源于需求，需求是市场的第一驱动力，新需求催生新供给，时代需求推动“厨房革命”。而疫情的影响，则进一步加速了预制菜发展进程。食品营养和加工工程技术、保鲜技术、冷链物流、电商快递的技术创新和推广应用，为预制菜产业发展奠定了良好的技术基础。

数据显示：2021 年，36—45 岁年龄段人群购买预制菜数量最多，26—35 岁年龄段人群的预制菜消费增幅最大，2021 年同比 2020 年上涨了 171％。值得关注的是，2019—2021 年，老年人预制菜购买数量逐年增加。与 2019 年相比，2021 年银发族购买数量增长了 190％。

三大消费主体合流，预制菜发展如火如荼。

第二，预制菜的成长烦恼不可回避，满足市场需求才是“王道”。

预制菜被热捧的同时面临不少挑战，很多人就质疑，预制菜能跟妈妈做的菜相提并论吗?

以前，我们不相信妈妈的缝纫机会消失。因为无论是质量、尺码还是成本，工厂生产的衣服都比不上妈妈精心缝制的衣服。

到了今天，家庭缝纫机早已退出了历史舞台，取而代之的是无数服装工厂和线上线下服装店。

今天，如果有人说，家庭厨房以后会消失，预制菜会占领餐桌，我们会相信，并拥抱这一潮流吗?

美味和健康是预制菜的两大核心要素。预制菜的重大突破，在于通过工业化手段，实现餐食的规模化、标准化、现代化、营养健康化。这一新形态，好处有三：一是在入口把控原材料安全，在出口保证食品质量安全；二是通过科学搭配各种食材比例，让餐食更加营养均衡，让低糖、低盐、低脂等健康营养餐食上餐桌进舌尖；三是可以通过高科技手段，高度还原人们最关心的美味。

产业发展受到质疑，其实是好事。只有赞美没有批评，那么深层弊端就会被高速发展所掩盖，从而形成系统性危机。有质疑说明有期待，有质疑也会有痛苦，这些期待与痛苦，将推动预制菜产业不断调整与提升，最终走向强大。

尊重质疑，平稳过渡，攻关克难，完善提升，预制菜产业才能行稳致远。

第三，链接供给与需求，建成产业闭环。

生产者与消费者之间，其实就是“你负责挣钱养家，我负责貌美如花”。企业负责生产供应，消费者只管“健康如花”。而连接二者的媒介，则是冷链物流。

预制菜是典型的具有电商 DNA 的产业。今天，京东物流和京东生鲜发起“广东预制菜上行”活动，在预制菜企业与消费者之间搭建桥梁，意义重大。

这座“桥梁”一定会“车水马龙”。特别期待之余，提出几点建议。

一是深入挖掘消费者的真切需求，让送达更快捷、更安全、更贴心。

二是全面对接供给方的真切需求，支持企业发现、对接、服务目标客户，支持企业拓展深入市场，支持企业适应需求。

三是研究发现供需双方对接过程中的堵点痛点，精准突破，推动供给、渠道、需求三位一体。让预制菜“展翅高飞”，飞进寻常百姓家，飞越大江大海，飞向全世界。

最终三方携手，多方共赢，实现企业价值和社会价值的统一与最大化。这一目标的全面实现，需要久久为功，万里长征，做难而正确的事，意义重大！

谢谢大家。

第三讲
质量安全、营养健康是广东预制菜的“根”

趋势

90 后、00 后渐渐当家作主，老龄化进程日益加快，预制菜潮流浩浩荡荡、势不可挡。先知先觉者，要“顺风而行”。

整个 20 世纪 80 年代，DEC（美国数字设备公司）是仅次于 IBM（国际商业机器公司）的全球第二号计算机巨头。1986 年，DEC 创始人奥尔森登上《财富》封面，被评为“全美历史上最成功的企业家”。他在 1977 年说的那句话：“没理由每个人都想在家里放一台电脑”，成为电脑时代最大的反讽“语录”。1992 年，奥尔森应董事会要求黯然离职，DEC 最终成为回忆。这个故事告诉我们，面对大好形势，莫做“顺风路上的逆风者”。

具体到预制菜，即便站在风口之上，也要保持风险意识。如果对其挑战和危机没有充分认识，就不能廓清行业迷雾，更好地走向未来。

预制菜概念宽泛，品类繁杂，究竟哪些才是代表未来生活的“菜”？要充分研究市场、看清市场，读懂消费者，无论是净菜配送的升级，还是即食速食的还原，抑或是营养齐全的代餐，各方要在食事迭代中找准农业提档升级的方向。

信任

艾媒咨询发布的《2022年中国预制菜行业发展趋势研究报告》显示，消费者认为预制菜行业需改进的问题，前两位分别是口味还原度和食品安全。

一边是百亿资本纷纷入场，新增预制菜企业数量节节攀升；另一边却是消费者对预制菜信任度不足，满意度偏低。这些“成长中的烦恼”提醒我们，“热发展”尤其需要“冷思考”。

众所周知，信任是商业的基石，没有质量就没有信任。随着生活水平的提高，健康成为人们对食品的核心追求。在预制菜产业大竞争中，只有质量安全才能赢得消费者的信任，进而占领市场。因此严守质量安全关，保证产品的营养健康，这是预制菜的生命、使命、红线和底线，是核心竞争力，是真正的“护城河”。广东所有预制菜企业，都要牢牢守住这一底线。

龙头企业要从生产源头把好原材料的入口关，在食品制造及物流配送终端把好出口关，并依托现代食品工业化加工技术，生产出胜于家庭手工制作的营养健康预制菜，树立行业榜样，引领行业正气。

值得欣慰的是，一批广东预制菜龙头企业正在为赢得信任，建设信任高地，探索“长牙齿”的“业约企规”，这必将有力促进产业协同高质量发展。

目前，“粤味预制菜擂台赛”也在火热比拼之中，评选的前提是质量安全。营养健康预制菜园区、企业、产品大比拼必成常态。优者登堂入室，劣者扫地出门。质量安全、营养健康一定要成为广东预制菜的代名词。

初心

一头连接田间地头、一头连着厨房餐桌的预制菜，是乡村振兴和实现共同富裕的重要抓手。通过近两年探索，广东预制菜已成为农村一二三产业融合发展的新模式、农民“接二连三”增收致富的新渠道，对促进创业就业、消费升级和乡村产业振兴具有积极意义。

农业农村部门组织推动预制菜产业发展，初心是联农带农，促进农民增收致富。发展预制菜产业，就是用工业思维、工业手段、工业资源抓农业，让城市反哺农村、工业反哺农业，最终实现城市与农村、工业与农业协同发展。

要让广大农民参与预制菜产业共建共享，要探索建设联农带农的预制菜直供基地、直供园区、直供村，建设预制菜农业“第一车间”。要研究借鉴小龙虾等预制菜产业成功的发展机理、逻辑，支持地方探索菠萝烤鱼、隆江猪手、狮头鹅、清远鸡、白蕉鲈鱼、韶关食用菌等特色预制菜联农带农模式。以预制菜价值反哺农产品价值，构建预制菜产业联农带农价值共同体。

布局

面对重大机遇，先知先觉者抢跑，醒悟者插队，市场的吸引力必然点燃生产的爆发力。

如何防控一哄而上、泥沙俱下、行业踩踏，最终一哄而散、一地鸡毛?

一定要把市场挺在生产前面，让市场引领生产，以市场份额配置生产分量，无市场不生产。

要创建产业大数据，让冷冰冰的数据调配热辣辣的生产。

要引导差异发展，把握不同产业禀赋、人文特色布局“粤”制菜，形成粤西水产预制菜，粤北山珍预制菜，广府色香味美预制菜，潮汕精制巧作预制菜，Z 时代的标热、标糖、标盐、标脂量化预制菜等不同类别，美美与共。

要围绕全产业链谋划预制菜产业，产业原材料、科技研发、生产制作、仓储包装物流、营销交易、装备器械、人力资源、金融资本、品牌文化，互为依托，串珠成链。

要以标准规范设立“进”的门槛，不合标不合规，不能进；要以底线红线高举“出”的鞭子，触底线碰红线，坚决出。

正在规划建设的广东省级预制菜产业园区，既要发挥资源要素优化配置的作用，特别是以研发平台、热电联供、环保设施、仓储物流等公共平台，实现要素资源集约、产业绿色低碳发展。又要实现产业入园，集群服务，集中管理，把企业公开在标准规范的阳光之下，实现阳光之下无产业阴影。

出海

2022 年 1 月 1 日 RCEP（《区域全面经济伙伴关系协定》）生效当天，湛江海关为国联水产一批水产预制菜签发编号为 001 的农产品 RCEP 原产地证书。

3 月，广东省政府发布《加快推进广东预制菜产业高质量发展十条措施》，推动预制菜走向国际市场。要大力培育预制菜出口企业，鼓励广东预制菜企业到境外建立加工基地，充分利用海外仓。举办“广东预制菜国际美食节”，积极拓展国际市场。

预制菜在双循环大格局的担当，在两种资源、两个市场中的作为，均表明这一产业前景可期。特别是预制菜将工艺复杂的美食制作工业化、标准化、程序化，让中华大厨、粤菜师傅手艺变为工艺，大厨不出门，美味传天下。

色香味美无边界，跨越江海，登堂入室，进舌尖入心田者唯美味佳肴。一旦粤菜师傅的心得手艺，化作流水线上的标准化产品，预制菜必定成为规模庞大的朝阳产业。

文化

未来五年或者十年的餐食场景中，预制菜或许不再叫“预制”，就像洗衣机进入千家万户后，我们都说“洗衣服”，不再强调“机洗衣服”。进入千家万户之后成为生活日常的预制菜，必然是中华美食文化的载体。

预制菜体现了工业时代的生产制作力量，体现了互联网时代的时空链接力量，体现新生代时尚、潮流、健康、绿色的生活方式和价值取向，也体现历史的沉淀积累。

美食是物质享受，也是精神享受。预制菜工业化中蕴含着文化属性、精神内涵，它是中外餐食的兼容并蓄，是中华料理的传承创新，是一种开放的现代餐饮文化的创造过程。

美食文化既在历史，也在未来。美食文化的魅力在历史沉淀打磨中形成，也在新时代生产力与生产关系的发展中脱颖而出。美食文化是父辈的至爱，一定也是儿孙的心愿。任何一个产品和行业，要想走得稳、走得远，必然离不开文化加持，甚至自身就要成为文化。

我们在预制菜产业高质量发展的进程中，要物质价值和文化价值同步发力，只有物质价值与文化价值比翼齐飞，预制菜才有可能飞向未来、香飘世界。

预制菜产业刚刚起步，预制菜产业的最大价值正在于刚刚起步，路漫漫业界上下求索。刚刚起步的预制菜必然是有喜有忧，忧多者喜来，无忧者忧随。我们乐于、善于排忧解难，只有面对并排解“成长烦恼”，预制菜产业才能茁壮成长，高质量发展。

我们清楚，这将是一个由实践到理论，再从理论到实践，螺旋上升的长期过程。

我们坚信，只要尊重规律、不急不躁，脚踏实地发展完善，给予产业足够的成长周期，广东预制菜产业就一定能蹚出一条康庄大道。

第四讲
在珠海格力预制菜机械装备产业建设座谈会上的发言

时代洪流滚滚而来，预制菜生逢其时，趁势而至。作为中国预制菜的策源地，广东一向引领风气之先。广东是创新大省，也是产业强省，预制菜的深入发展，离不开装备制造业的深度介入。

广东如何支持装备制造业布局落子预制菜产业高地?

加强产业理论研究

产业大发展，理论要先行。

预制菜产业若想根深枝盛、叶茂果硕，必须根植于理论沃土。

只有研究形成产业价值、产业布局、产业路径、产业链条、产业生态的系统性理论，预制菜的发展才能更理性、更深刻、更稳健、更成体系，有理论支撑的预制菜产业生命之树才会常青。

加强需求与供给研究

供给的价值在于需求。

新时期，90 后、00 后及老龄化群体对预制菜有什么新需求?

90 后忙于工作，无暇下厨；00 后远离庖厨，不爱下厨；老龄人囿于体力，不便下厨。

把握普遍性、根本性、特殊性、迫切性、现实性需求，绘出科学“路线图”，才能促进供给的有效性和价值性，才能把产业供给建立于需求之上。

研发推出“新概念厨房”

预制菜的本质是农业工业化，装备机械是农业工业化的实现载体。工业企业切入预制菜生产链，是应有之义。预制菜的前产业链是加工装备，包括生产装备、物流装备。对于家庭而言，则需要新炊具、新厨具、新储具。服务预制菜时代“入得厨房”的新形态，“新概念厨房”的出现迫在眉睫。

“新概念厨房”里，将包括预制菜冰箱、预制菜炊具和预制菜投递载具。对于格力这样的先进装备企业来说，这是使命担当、机遇舞台。未来，很多家庭势必会对厨房电器进行升级换代。花上几千块钱，相当于花一台手机的价钱，就能更新预制菜时代的新厨房装备。如同买手机送话费一样，买预制菜新厨房装备，同样可以送预制菜。假如预制菜装备企业与预制菜龙头企业联手，买预制菜厨房套装送预制菜套餐，买预制菜套餐送厨房套装，预制菜时代的未来将来得更快。

小区里、家门口可以安装投递载具，如同放快递的丰巢柜一样，下班回家时拿出来放在冰箱。到了餐点，不需要洗切蒸炒，只要放在预制菜厨具上简单加热，即可享受一顿不亚于饭店的美食。

期待格力公司联合相关装备企业，研发推出适合新生代、银发族使用的预制菜专用冰箱、炊具、餐具、载具等，同时探索集“新概念厨房”、生产、营销于一体的预制菜商业新模式，探索打造预制菜的“特斯拉”。

预制菜生产车间

汽车让路走得顺畅，电梯让楼上得愉悦，洗衣机让衣洗得便捷，预制菜让我们的日子过成怎样的“一朵花”呢？

人生的价值，在时间中创造。

从厨房里省出来的时间，又将会让我们创造哪些美好的价值？

走进预制菜时代，走进更美好的明天，前景真的特别值得想象。

创立预制菜产业学院

产业发展，若没有人才支撑，那将是无源之水。

建议格力公司担当作为，联合产业联盟企业，依托相关大学，探索创立产学研一体的预制菜产业学院，源源不断地输出产业人才。

培育产业标兵

我们将连同珠海市委、市政府，创立“胡润预制菜装备企业排行榜”，在珠海为“预制菜装备百强”铺“红地毯”，打造“一张榜单、一场峰会、一批产业龙头聚集、一个产业基金、一个产业崛起”的“五个一工程”，在珠海创建中国乃至全球的预制菜机械装备产业高地。

弘扬产业文化

文化是产业的灵魂，有灵魂的产业才是有生命力的产业。只有把文化注入其内，冷冰冰、硬邦邦的产业才能变得柔软温暖，成为更吸引人的事物。

在产业初生之时，推进粤菜文化、中国美食文化与产业融合，推进“人民群众对美好生活的向往”成为产业追求。

要志存高远，要深谋远虑，要步履踏实，一步一个脚印。如此，才能不负时代重托，不负人民期望，让预制菜产业真正造福千家万户，为国家发展作出自己应有的贡献。

第五讲
是厨房变革，也是农业变革

认识

预制，是效率的需要，是分工的结果，是时代的选择。

90 后、00 后逐步成为家庭支柱和社会中坚，他们的消费习惯塑造了餐食新形态。他们既追求品质，也追求效率。分工越细，则效率越高。

2035 年，中国 60 岁以上人口将占总人口的 30%。加大力度开发适合银发族的餐食需求，争取经济效益和社会效益的双丰收，既是蛋糕，更是课题。

预制菜生产现代化、工业化和标准化的特点，可以完美满足消费者对于健康营养的愈发强烈的需求。如能逐步实现明码标出餐食的热量、营养成分等，实现精准摄入，未来消费者采购预制菜，也许可以像买衣服鞋子一样“按尺码”采购。

大力发展预制菜，是振兴乡村的需求，更是共同富裕的时代命题。预制菜以工业化市场化的手段，提升了一条鱼、一只鸡、一把菜的附加值，让农业增效，让农民增收。

参考欧美日韩等国预制菜 60% 左右渗透率的水平，结合我国居民消费趋势，预制菜产业市场空间巨大。以 1.2 亿人口的广东为例，如按欧美日韩消费渗透率计算，消费人口可达 0.72 亿，如每人每天消费 30 元，则每天 21.6 亿元，一年消费量超 7000 亿元。食品产业是最高频产业，预制菜一天可食三餐，是实实在在的永续产业。

显然，预制菜是厨房变革和农业变革，更是生活变革。作为预制菜产业园区的建设营运者，任重道远，使命光荣。

实践

建设预制菜产业园是推动传统农业转型升级的现实路径。首先，产业园区发展预制菜要自始至终坚持市场导向；第二要完善预制菜产业园发展的体制机制。

市场挺在生产前，市场领着生产走。

广东预制菜产业建设，最大特点是产业建设市场先行。

2019 年，广东以预制菜双节大营销投石问路，迈出广东预制菜产业建设坚实的第一步。正是因为双节营销的大卖，激发了广东一批预制菜企业增资扩产，也促使一批资本跑步入场。

预制菜园区建设，也必须市场体系建设先行。

一是加强对11个园区“12221”市场体系建设的指导。各产业园要上报园区“12221”市场体系建设方案，要建设园区市场营销平台，要指导支持园区企业开拓市场、打造平台。2022年，省里将继续开展双节营销，让广东预制菜成为元旦和春节靓丽的消费风景线。

二是开展广东预制菜走进京津冀、长三角专项营销活动。

三是开展广东预制菜出海行动。

四是把广东预制菜作为年度品牌建设重大项目，指导11家产业园联袂制定“12221”营销品牌计划，集群式、矩阵式打造广东预制菜品牌，形成广东预制菜在全国乃至全球不可撼动的地位。

五是培育广东预制菜营销人才，为11个园区以及园区内的龙头企业，培养预制菜“12221”营销人才。

安全质量放首位，园区出品必精品。

11个园区要坚决落实好《2022年广东预制菜质量安全和风险建设评估方案》，打造“园区出品就是精品”的金字招牌，让消费者优先选择广东园区预制菜。

支持探索建立11个产业园区的质量安全联合标准和联合保险，鼓励支持先行园区推出可复制、可推广的质量安全责任制，形成责任体系，进而推广覆盖。

联合权威媒体开展广东预制菜质量安全竞赛活动，评选出消费者最信赖的预制菜。

布局全产业链，形成产业生态。

园区建设必须围绕全产业链布局，建设公共服务平台，实现公共资源保障，强化产业发展竞争力、聚合力。

建立公共采购交易中心、进出口合作平台、热电联供系统、仓储物流冷链平台、污水处理厂等，以共享公共诉求摊薄和减轻建设运行成本，让入园企业互补链条，形成强大产业生态。

公共服务平台同时要强化品牌文化、市场营销、人力资源、金融保险等服务能力。

依托广东四大菜系，打造爆款产业园区。

11个园区要精准定位，错位协同发展，避免恶性竞争。

大湾区园区可以重点发力广府预制菜、西餐预制菜，发力出口欧美的预制菜；粤东重点发力狮头鹅、牛肉丸等潮汕特色预制菜，面向潮汕华侨的预制菜开发；粤西重点发力水产品预制菜，保障海南自由贸易岛及出口东盟国家的预制菜；粤北重点发力客家预制菜、山珍预制菜以及食用菌预制菜等。

建议各园区依托广东四大特色菜系，凸显一园一特色、一园一爆品、一园一龙头、一园一链条。

建议把隆江猪脚饭、菠萝烤鱼等特色产业做深做透，打造具有浓郁地方特色的爆款单品产业园区。

不要小圈子办园，要办成全球园区。

千万不要小圈子办园，要着力开门办园。园区办得多大，在于格局多大、开放程度多大、引入要素资源力度多大。

广东园区要办成全国乃至全球园区。要建立招商团队，锁定招商目标，开出招商大单，使出招商大招。要以“千金买马骨”的魄力与智慧，实现“千金引千里马”的制度安排与产业生态。

要在满足入园企业的产业诉求中，强化园区的服务能力，以优质的服务能力强化园区竞争力。

办成做强三大平台，放大贡献值话语权。

广东预制菜产业园和广东预制菜产业的核心竞争力在于价值的最大化。搭建满足广泛需求和供给的平台，就是价值最大化。

中国预制菜（佛山顺德）国际产业大会、广东预制菜产业联合研究院、中国（大湾区）预制菜大数据中心——如果我们能办成做强这三大平台，广东的贡献值和话语权将几何倍数放大。

提高效益效率，真正联农带农。

农业部门抓预制菜，目的是通过农业工业化，融合一二三产业，促进农民增收致富。

每一个预制菜产业园区，都应当组织入园企业在农村建立“第一车间”，让农民成为“第一车间”的员工，通过提高效益效率，真正达到联农带农。

要市场化制度化规划布局预制菜专供基地、专供园区、专供合作社，推行定点、定量、定单采购，惠及千家万户，实现共同富裕。

附录

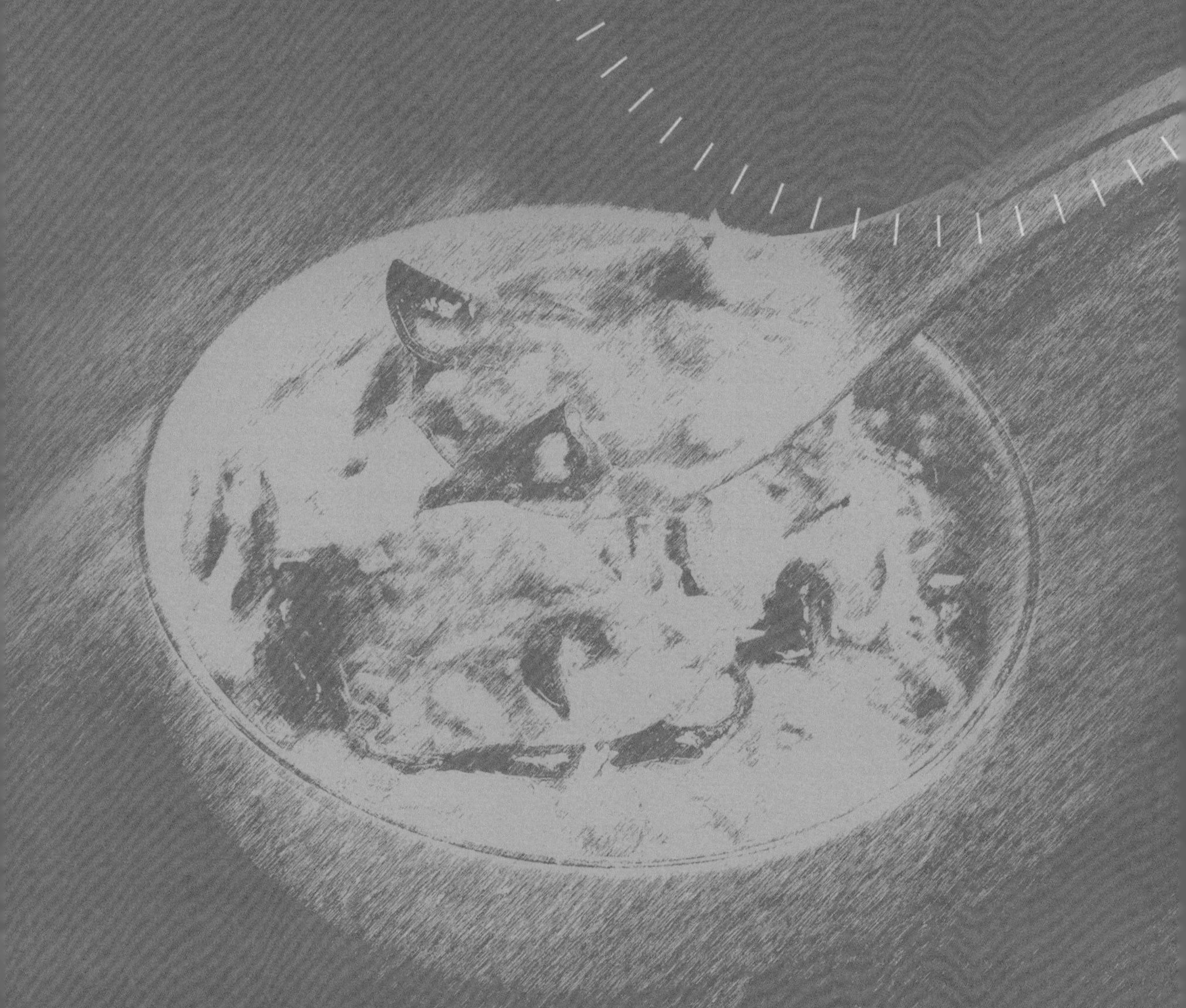

附录一　广东省人民政府办公厅关于建立广东预制菜产业高质量发展工作联席会议制度的通知

各地级以上市人民政府，省政府各部门、各直属机构：

为贯彻落实省政府办公厅《加快推进广东预制菜产业高质量发展十条措施》（粤府办〔2022〕10号），加强对我省预制菜产业发展的组织领导和统筹协调，省人民政府决定建立广东预制菜产业高质量发展工作联席会议制度（下称“联席会议”）。现就有关事项通知如下：

一、主要职责

按照省委、省政府工作部署，统筹谋划全省预制菜产业发展布局和规划，研究协调重大事项，组织讨论重要文件，总结推广经验做法。指导督促各地、各有关单位制定和落实政策措施，加强宣传和政策解读，支持和规范产业发展。完成省委、省政府交办的其他工作。

二、组成人员

联席会议由分管农业农村工作的省领导担任总召集人，省政府协调农业农村工作的副秘书长、省农业农村厅主要负责同志担任召集人，成员包括省委宣传部、网信办，省发展改革委、教育厅、科技厅、工业和信息化厅、财政厅、人力资源社会保障厅、自然资源厅、交通运输厅、农业农村厅、商务厅、文化和旅游厅、卫生健康委、市场监管局、地方金融监管局、政务服务数据管理局、中医药局、农科院、供销社、科协、工商联、贸促会，海关总署广东分署、省税务局、广东银保监局、省邮政管理局，广东恒健投资控股有限公司，中国邮政集团广东省分公司等单位负责同志。

联席会议办公室设在省农业农村厅，承担联席会议日常工作。办公室主任由省农业农村厅主要负责同志兼任。联席会议设联络员，由各成员单位有关处室负责同志担任。

三、工作机制

联席会议原则上每年召开两次全体会议，由总召集人或召集人主持，也可根据工作需要不定期召开。研究具体工作事项时，可视情况召集部分成员单位参加会议，也可邀请其他单位参加会议。联席会议决定事项以纪要形式明确，由联席会议办公室起草，经总召集人审定后印发。重大事项按程序上报省委、省政府。

联席会议不纳入省级议事协调机构管理，不刻制印章。

广东省政府办公厅

2022年5月19日

附录二　加快推进广东预制菜产业高质量发展十条措施

一、建设预制菜联合研发平台

充分发挥省农产品加工服务产业园牵头作用，与高等院校、科研院所、预制菜相关企业、农业龙头企业及行业协会共同建立预制菜联合研发平台。依托省级现代农业产业园、工业产业园和农业科技园区，重点开展预制菜共性基础研究，建立预制菜原料和菜谱数据库，研发预制菜原料半成品加工与贮存技术，构建预制菜营养科学、风味科学、品质形成机理与调控等食品科学理论，推进预制菜新形态新品类、功能性预制菜（药膳）、原料筛选与培育等系统性研究。设计研发预制菜生产、加工、仓储、冷链、物流等装备，开发预制菜新厨具、新餐具、新包装。支持预制菜研发重点实验室、工程技术研发中心建设，加强预制菜知识产权保护。科技、农业农村、市场监管等部门按职能设立预制菜科研专项，以企业为主体开展关键核心技术的产学研联合攻关，加大预制菜产业研发的政策支持，力争在3年内建成具有全国乃至全球影响力的预制菜全产业链研发平台。设立预制菜成果转化专项，加快推动预制菜全产业链研发成果及技术转化，扩大产业化规模。（省科技厅、农业农村厅牵头，省工业和信息化厅、卫生健康委、市场监管局、中医药局、农科院等按职责分工负责）

二、构建预制菜质量安全监管规范体系

着眼高标准引领高品质预制菜发展，组织开展粤菜三大菜系预制菜全产业链标准体系建设试点工作，逐步制定完善预制菜从田头到餐桌系列标准。加快制定预制菜食品安全地方标准和预制菜产业园建设指南、预制菜产业园评价规范、预制菜中央厨房建设指南、预制菜包装通用要求、预制菜冷链物流运输要求以及预制菜分类基础标准、预制菜品质评价检测标准等基础通用标准，鼓励有关社会团体、企业制定预制菜团体标准、企业标准，推动粤港澳三地社会团体、企事业单位制定预制菜系列湾区标准，形成具有大湾区特色的预制菜产业标准体系，推进预制菜产业标准化、规模化发展。构建自律他律机制，积极引导预制菜行业自律有序发展。加强预制菜全链条质量安全监管，建立完善守信联合激励和失信联合惩戒制度。强化法治意识，加强市场监管，严厉打击“黑作坊”，维护消费者权益，确保预制菜食品安全。依托广东农产品保供稳价安心数字平台等，对预制菜检测方法进行研究，定期组织有资质的第三方检测机构开展抽检。探索建立预制菜产业链供应链常态化质量安全评估体系。以田头（塘头）智慧小站等为有效载体，实现预制菜专供农产品源头检测追溯。（省市场监管局、农业农村厅牵头，省商务厅、卫生健康委等按职责分工负责）

三、壮大预制菜产业集群

编制预制菜产业发展规划，立足资源禀赋、区位优势，按“一核一带一区”分区谋划布局建设一批预制菜产业园，将其纳入第二轮省级现代农业产业园建设以及我省发展现代农业与食品战略性支柱产业集群行动计划范畴，予以重点扶持培育，力争建设若干个在全国乃至全球有影响力的预制菜产业园，形成预制菜产业集聚效应。发挥广东特色农业优势和粤菜品牌优势，推动预制菜产业企业和产业链上下游配套企业集中入园发展。支持预制菜产业园区科技平台、进出口平台建设。鼓励老区苏区发展预制菜产业，促进老区苏区工业产业园与现代农业产业园融合，形成政策叠加优势。推动打造肇庆高要预制菜产业高地、湛江水产预制菜美食之都、茂名滨海海产品预制菜产业园区、广州南沙预制菜进出口贸易区、佛山南海顺德预制菜美食国际城、潮州预制菜世界美食之都、江门全球华侨预制菜集散地及梅州、河源、惠州客家预制菜产业集聚区等，带动广东预制菜产业高质量发展。（省农业农村厅、工业和信息化厅牵头，省发展改革委、科技厅、财政厅、自然资源厅、供销社、工商联等按职责分工负责）

四、培育预制菜示范企业

培育一批涵盖生产、冷链、仓储、流通、营销、进出口以及装备生产等环节的预制菜示范企业，充分发挥产业链链主企业作用，引导预制菜中小企业成为“专精特新”企业。建立省级优质预制菜企业培育库，重点扶持以“菜篮子”产品预加工为核心，牵引上游农产品生产加工销售、下游餐饮以及配套制造业发展，一二三产业融合的广东预制菜企业发展壮大，培育广东预制菜十强百优企业，力争五年内培育一批在全国乃至全球有影响力的预制菜龙头企业和单项冠军企业，充分发挥其在新发展格局中促消费、稳增长的重要作用。（省工业和信息化厅、农业农村厅牵头，省商务厅、市场监管局、地方金融监管局、工商联，海关总署广东分署、广东银保监局等按职责分工负责）

五、培养预制菜产业人才

把预制菜产业人才培养纳入“粤菜师傅”工程，鼓励职业院校（含技工学校）和普通高校增设相关专业课程，推进预制菜“产学研”基地建设。依托省“粤菜师傅”人才培养与评价联盟，发挥粤菜餐饮企业、行业协会等社会力量，组织开展预制菜生产、电商直播、市场营销、物流配送等产业发展相关职业（工种）技能人才培训和职业技能评价，大力培养预制菜相关人才。鼓励“粤菜师傅”星级名厨参与开发推广预制菜品。创新培训模式，实施广东预制菜卖手培养工程，每年评选一批广东预制菜行业代表人物。（省人力资源社会保障厅、农业农村厅牵头，省教育厅、科技厅、农科院、供销社等按职责分工负责）

六、推动预制菜仓储冷链物流建设

组织引领仓储冷链物流企业与预制菜生产企业对接，充分发挥省内国家骨干冷链物流基地的牵引辐射作用及粤港澳大湾区（广东·惠州）绿色农产品生产供应基地、肇庆（怀集）绿色农副产品集散基地等基础设施作用，构建以国家骨干冷链物流基地、公共型农产品冷链物流基础设施骨干网为主渠道的预制菜流通体系。鼓励支持仓储冷链企业研发预制菜专用装备，培育一批跨区域的预制菜仓储冷链物流龙头企业。支持生产基地建设预制菜专供田头（塘头）智慧小站和销区前置仓，形成预制菜从田头到餐桌的全程闭环供应模式。鼓励预制菜产业集聚地区对仓储冷链物流发展给予政策支持。（省发展改革委、供销社、农业农村厅牵头，省工业和信息化厅、财政厅、交通运输厅、商务厅，省邮政管理局，中国邮政集团广东省分公司等按职责分工负责）

七、拓宽预制菜品牌营销渠道

依托农产品“12221”市场体系，开展线上线下营销活动，鼓励预制菜企业创建加盟网店。依托中国国际食品配料博览会等国家级展会平台，结合广东省“双百”会展等品牌活动，每年组织筹办若干场国内外专场推介活动。加强广东预制菜品牌宣传推广，打造一批驰名中外的预制菜品牌，让预制菜产业成为消费亮点产业。探索汇总预制菜产销大数据，实现全产业链大数据的统一归集，促进科学合理生产经营。支持预制菜知名品牌产品进学校、工厂、医院、社区等食堂。（省商务厅、农业农村厅牵头，省工业和信息化厅、市场监管局、政务服务数据管理局、供销社、贸促会，省邮政管理局，中国邮政集团广东省分公司等按职责分工负责）

八、推动预制菜走向国际市场

探索建立服务团队指导预制菜出口通关。大力培育预制菜出口企业，鼓励广东预制菜企业到境外建立加工基地，充分利用海外仓，通过贸易、投资等方式拓展国际市场。结合全球人道主义应急仓库和枢纽（过渡期）、中国—太平洋岛国渔业合作发展论坛等国际平台建设，增强预制菜原料全球采购能力，积极开展同业交流合作，实现“农产品进、预制菜品出”“一产进、二产出”。（省商务厅、农业农村厅牵头，省发展改革委、贸促会，海关总署广东分署、省邮政管理局，中国邮政集团广东省分公司等按职责分工负责）

九、加大财政金融保险支持力度

各级政府要将预制菜产业发展纳入本级财政支持范围，在不形成地方政府隐性债务前提下，支持符合条件的预制菜产业项目申报地方政府专项债券。统筹安排涉农资金，支持预制菜直供基地、田头（塘头）智慧小站等基础设施建设。建立省市县三级预制菜产业项目储备库，支持建设一批预制菜重大投资项目。创新金融信贷服务，大力发展预制菜产业供应链金融，支持金融机构为预制菜产业开发金融专项产品，发挥省农业供给侧结构性改革基金作用，构建广东预制菜产业发展基金体系，切实降低企业融资难度和成本。组织保险机构与预制菜企业对接，推出一批面向预制菜产品、原材料质量等的专项保险产品。积极向国家争取预制菜企业税收优惠政策并开展培训宣讲。（省农业农村厅、财政厅、地方金融监管局牵头，省发展改革委，广东银保监局、省税务局，省恒健投资控股有限公司，各金融保险机构等按职责分工负责）

十、建设广东预制菜文化科普高地

支持各地建设富有岭南地方特色的粤港澳大湾区预制菜美食文化城（街），传承弘扬“广府菜”“潮汕菜”“客家菜”等粤菜餐饮文化，推进预制菜产业与休闲、旅游、文化产业等深度融合，持续开展“食在广东”“广东喊全球吃预制菜”系列活动，营造预制菜饮食文化的浓厚氛围。在省统筹建设的“粤科普”公共服务平台开设“预制菜科普”专栏，加强广东预制菜科普宣传，推进预制菜科普基地建设。各地要统筹利用网、屏、端等平台，加大预制菜品牌文化建设和科普力度，让广东预制菜成为新餐饮风尚、新餐饮模式、新餐饮文化产业的引领者。（省商务厅、农业农村厅牵头，省委宣传部、网信办，省文化和旅游厅、政务服务数据管理局、科协、贸促会等按职责分工负责）

附录三　广东省市场监督管理局等六部门关于组织开展预制菜全产业链标准化试点的通知

各地级以上市市场监管局、人力资源社会保障局、农业农村局、商务局、卫生健康局（委）、供销社，各有关单位：

为贯彻落实《广东省人民政府办公厅关于印发〈加快推进广东预制菜产业高质量发展十条措施〉的通知》（粤府办〔2022〕10号），加快构建预制菜从田头到餐桌的标准体系，以标准化为手段推动农产品食品菜品三位一体协调发展，打造全国乃至全球有影响力的预制菜产业高地，省市场监管局、省人力资源社会保障厅、省农业农村厅、省商务厅、省卫生健康委、省供销社决定联合开展以“高标准好品质，粤预制粤滋味”为主题的预制菜全产业链标准化试点工作，现就有关通知如下：

一、试点目标

通过择优推荐、公开遴选、先行先试的原则，汇集粤港澳三方资源，鼓励标准化基础好、技术引领性高、产业带动力强的有关单位开展试点工作，通过先行先试、树立标杆、推广典型、打造示范，推进预制菜全产业链融合化、全流程标准化、全环节品质化，形成一批高品质粤菜预制菜产业湾区标准，推出一批高品质的粤菜预制菜产品，探索形成粤港澳大湾区农产品食品菜品三位一体协调发展新模式，推动粤港澳大湾区预制菜产业走在全国前列。

二、试点任务

（一）建立标准化工作机制。根据试点工作重点和需求，因地制宜，建立健全试点工作领导机制，探索建立服务支撑试点的工作模式，细化试点工作方案，为试点开展提供组织和经费保障，及时召开启动大会。

（二）构建全产业链协同标准体系。围绕试点工作需要，在收集本领域相关国家标准、行业标准、地方标准、团体标准的基础上，研制高品质粤菜预制菜产品湾区标准，及符合管理特点的标准，构建协调配套、全面适用的标准体系，保证各环节有标可依。

（三）强化标准实施。开展标准宣贯培训，提升全员标准化意识，培养标准化人才队伍。推动重点标准实施，加强标准实施情况检查和改进。及时修订相关标准，不断提升标准体系有效性。

（四）总结推广经验。及时总结试点工作经验，并固化优化为标准，形成可复制、可推广的发展模式。树立典型，加强宣传推广，提升本地区预制菜标准化水平。

三、申报条件及要求

（一）申报形式及主体

1. 试点申报形式为试点主导单位组织全产业链联合体申报

（1）联合体须涵盖原料生产、加工、包装、运输、销售各环节以及科研、标准、检验检测各技术支撑等全产业链相关方，鼓励港澳企事业单位、科研院所、高校、社会团体共同参与。

（2）试点主导单位由联合体中起主导作用的一个企事业单位承担，负责联合其他产业链相关方申报试点并完成试点。主导单位应属于广东省行政区域内具有法人资格的企事业单位、社会团体。

（注：试点主导单位亦可参与其他联合体）

2. 联合体申报要求

（1）必须覆盖一二三产业，具有一定规模并达到现代化生产和管理水平，在本地区、本行业内具有一定影响力。

（2）有计划生产或已生产至少 1 项湾区热销的经典粤菜预制菜产品。

3. 试点主导单位要求

（1）诚信守法，依法纳税，近三年内无重大质量、环保、安全事故，无违法失信记录。

（2）必须具有全产业链号召力，能聚集全产业链资源（含港澳资源）共同推进试点实施。

（3）具有较强的标准化意识，持续开展预制菜标准化工作，具备一定标准化工作基础。

（4）能为项目提供必要的组织、人才和经费等保障，确保试点工作顺利进行。

（二）申报项目

试点申报项目应打造至少 1 项湾区热销的经典粤菜预制菜产品，并形成高品质粤菜预制菜产品湾区标准，联动湾区内全产业链传播标准化理念，推广标准化经验，推动运用标准化方式组织生产、经营、管理和服务，提升供应链管理水平，以高品高标带动预制菜全产业链标准化生产，有效促进预制菜产业高质量发展。

四、申报程序

试点申请由试点单位自愿提出，由省市场监管局牵头会同省人力资源社会保障厅、省农业农村厅、省商务厅、省卫生健康委、省供销社组织评选并批复试点项目。具体程序如下：

（一）申报单位申报或推荐申报（7 月—8 月）

申报单位需填写《预制菜全产业链标准化试点申报表》（见附件），并附相关证明材料，加盖申报单位印章后，于 2022 年 8 月 20 日前报送至所在地的市市场监管局（下称“推荐单位”），推荐单位对申报材料进行初审，会所在地的市人力资源社会保障局、农业农村局、商务局、卫生健康局、供销社意见后，择优推荐不多于 5 个项目，于 2022 年 9 月 10 日前报送至省市场监管局，并确保推荐过程公开、公正、透明。

（二）初选（9 月）

省市场监管局牵头会同省人力资源社会保障厅、省农业农村厅、省商务厅、省卫生健康委、省供销社根据本试点要求，组织相关工作人员对申报材料的完整性、规范性、符合性进行审核，同时组织线上投票，结合材料审核和投票结果择优选出 15—20 家申报单位进入现场遴选。

（三）现场遴选（10 月）

由省市场监管局牵头会同省人力资源社会保障厅、省农业农村厅、省商务厅、省卫生健康委、省供销社联合举办预制菜全产业链试点单位现场遴选活动，同时邀请多家媒体进行宣传报道。现场遴选共有为 4 个环节，分别是：

1. 项目介绍：申报单位对本联合体的业务范围、拟申报试点的预制菜产品、标准化工作基础、试点预期实现工作目标（包括拟研制的预制菜产品湾区标准等）、试点建设工作思路、拟取得的成效等。同时进行预制菜产品展示，介绍预制菜产品的生产基地、加工场所、生产经营过程控制、贮存、配送、销售等内容和产业链上相关单位情况。

2. 成品品鉴：申报单位提供再加工（熟制）的预制菜成品供专家现场品鉴，有条件的可同时提供新鲜烹饪的菜品与预制菜进行对比。

3. 专家评审：组织专家组对各申报单位的预制菜产业链布局、标准化工作基础、成品品鉴情况等进行综合打分。

4. 结果公布：综合评分前 10 名的申报单位即为本次遴选活动的最终胜出者，将作为预制菜全产业链标准化试点的承担单位，公布对应的单位名称及预制菜产品。

五、保障措施

（一）加强组织领导。各地市要高度重视，将试点工作作为标准化创新、预制菜产业高质量发展的一项工作积极推进，加强试点工作组织领导和指导协调。落实试点工作协同推进机制，明确职责任务，发挥各方积极性，强化统筹协调配合，推进工作有序有效开展。

（二）加大政策激励。鼓励和支持在同等条件下优先向国家推荐申报相关荣誉，优先邀请参加政府组织的推介活动；组织主流媒体对试点承担单位进行深度宣传报道，通过验收的试点将授予广东粤菜预制菜全产业链标准化示范项目。

（三）强化工作保障。在相关预制菜产业、标准化扶持政策、项目和经费上对开展试点工作的主导单位予以倾斜和重点支持。试点主导单位要加大试点工作资金投入，加强试点工作与相关科研、推广、产业等项目结合，提高实施成效。

（四）及时总结宣传。牵头承担试点工作单位所在各地的市市场监管局、人力资源社会保障局、农业农村局、商务局、卫生健康局、供销社做好监督管理，及时报送工作进展、做好试点工作总结，加大对试点经验做法、典型模式、技术成果和工作成效的宣传力度，营造良好社会氛围。

广东省市场监督管理局　广东省农业农村厅
广东省商务厅　广东省人力资源和社会保障厅
广东省卫生健康委员会　广东省供销合作联社

2022 年 7 月 18 日

跋　POSTSCRIPT

近几年来，我国预制菜产业呈现迅猛发展势头，各地纷纷布局预制菜产业，一个万亿级的新蓝海正在开启。预制菜产业的发展是积极践行习近平总书记所提出的“大食物观”，让中国饭碗端得更好、更健康的有效举措，有助于国民食物结构的调整及各种食物资源的协同开发，是由“菜篮子”转变为“菜盘子”的重要途径，是推动乡村振兴与共同富裕的加速器，也是推动农业高质量发展和高水平开放、全面实施乡村振兴的重要抓手。尽管“预制菜”的概念是近年才频频出现在公众视野中，但是在10年前的国家相关文件中，就暗含了其早期雏形。2012年，国家农业农村部发布《农业部关于实施主食加工业提升行动的通知》，指出“促进主食加工业发展已经成为农产品加工业的一项重要任务”。2014年，随着外卖的爆发式增长和人们快节奏生活带来的消费需求的改变，预制菜曾在B端迅速放量。2020年开始消费升级叠加疫情催化，预制菜进入C端用户视野，并在C端迎来消费加速期。预制菜这一新业态，对任何一个处于新旧动能转换窗口期的地区来说，都是绝佳的发展机会。

很多源自传统食品加工企业的调理肉制品、罐头肉制品，如潮汕牛肉丸、客家盐焗鸡、梅菜扣肉、风味乳鸽等粤味预制菜等早已得到市场的认可，粤式早点更是广泛采用预制方式适应量大面广的需求，其风味口感得到全社会的广泛认同。我国传统经典菜肴库可为餐饮业通过中央厨房的工业转换提供取之不尽的菜品源泉，大型企业纷纷采用先进的食品加工技术和设备、健全的质量管理体系、高质量的现代冷链物流体系，通过与中央厨房的结合，不断地创新产品、创新模式，拓展产品食用场景，加快产品创新速度，打造品牌差异化，广东省乃至全国的预制菜产业呈现蓬勃发展的态势。

预制菜行业涉及原料供应、食品加工、餐饮、零售及供应链等众多领域，在品质保真、安全检测、包装与储运及全流程溯源等方面亟待进一步完善，需积极推动预制菜行业朝着标准化、规范化、专业化方向发展。此外，预制菜产业急需融入现代信息与智能制造技术等，自主研发智能标签、速冻解冻与灭菌技术等新技术新装备，实现预制菜高品质保真保鲜，确保食品口感、风味、色泽及营养满足消费者需求，也急需建立预制菜品质监控体系以及供应链安全溯源系统，从原材料、生产加工、仓储物流、市场流通等过程进行全链条的有效追溯，实现从源头到终端的全面把控，推动预制菜产业健康可持续发展。

本书编写过程中，广东预制菜产业高质量发展工作联席会议办公室、顺德区农业农村局、南方农村报社与佛山科学技术学院在组稿和资料收集方面付出了辛勤努力，中国食品科学技术学会预制菜专业委员会专家学者们对本书的出版给予了大力支持，在此一并表示衷心感谢！

单杨

中国工程院院士

中国食品科学技术学会预制菜专业委员会副主任委员